图 2-12　原料与碱液分层界面出现在视盅位置时其颜色前后变化

图 2-20　原料冷凝后流经玻璃视盅时的前后变化

高职化工类
模块化系列教材

聚甲基丙烯酸甲酯实训装置操作

李 烁 主 编
刘德志 李雪梅 副主编

化学工业出版社
·北京·

内容简介

《聚甲基丙烯酸甲酯实训装置操作》借鉴了德国职业教育“双元制”教学的特点，以模块化的形式进行编写。全书包含聚甲基丙烯酸甲酯（PMMA）生产基础、PMMA生产装置操作、PMMA装置异常处理和事故处置三个模块，详细地介绍了聚甲基丙烯酸甲酯生产实践过程中所需的理论知识、生产装置的设备及工艺操作、生产装置事故现象及处理方法，可有效实现高职院校学生由单一简单操作训练向多工段整合的过渡，利于学生建构职业系统知识、形成职业能力。

本书可作为高等职业教育化工技术类专业师生教学用书。

图书在版编目（CIP）数据

聚甲基丙烯酸甲酯实训装置操作/李烁主编；刘德志，李雪梅副主编. —北京：化学工业出版社，2023.6
高职化工类模块化系列教材
ISBN 978-7-122-43314-5

Ⅰ.①聚… Ⅱ.①李… ②刘… ③李… Ⅲ.①聚甲基丙烯酸甲酯-化工设备-操作-高等职业教育-教材 Ⅳ.①TQ316

中国国家版本馆CIP数据核字（2023）第069584号

责任编辑：王海燕　提　岩　　　文字编辑：姚子丽　师明远
责任校对：边　涛　　　装帧设计：王晓宇

出版发行：化学工业出版社（北京市东城区青年湖南街13号　邮政编码100011）
印　　装：北京印刷集团有限责任公司
787mm×1092mm　1/16　印张7　彩插1　字数156千字　2023年6月北京第1版第1次印刷

购书咨询：010-64518888　　　售后服务：010-64518899
网　　址：http://www.cip.com.cn
凡购买本书，如有缺损质量问题，本社销售中心负责调换。

定　　价：28.00元

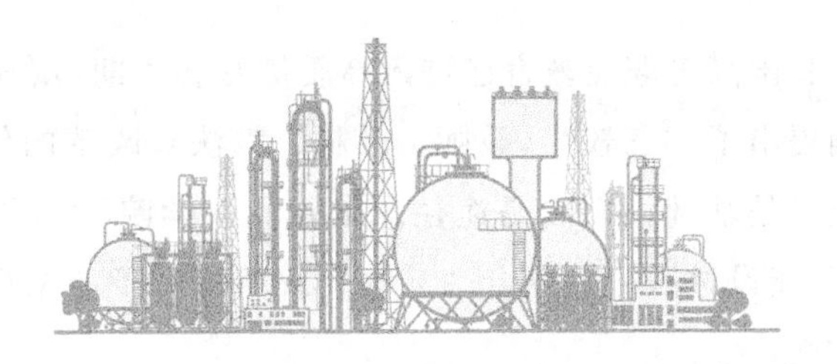

高职化工类模块化系列教材

编审委员会名单

序

目前，我国高等职业教育已进入高质量发展时期，《国家职业教育改革实施方案》明确提出了“三教”（教师、教材、教法）改革的任务。三者之间，教师是根本，教材是基础，教法是途径。东营职业学院石油化工技术专业群在实施“双高计划”建设过程中，结合“三教”改革进行了一系列思考与实践，具体包括以下几方面：

1. 进行模块化课程体系改造

坚持立德树人，基于国家专业教学标准和职业标准，围绕提升教学质量和师资综合能力，以学生综合职业能力提升、职业岗位胜任力培养为前提，持续提高学生可持续发展和全面发展能力。将德国化工工艺员职业标准进行本土化落地，根据职业岗位工作过程的特征和要求整合课程要素，专业群公共课程与专业课程相融合，系统设计课程内容和编排知识点与技能点的组合方式，形成职业通识教育课程、职业岗位基础课程、职业岗位课程、职业技能等级证书（1＋X证书）课程、职业素质与拓展课程、职业岗位实习课程等融理论教学与实践教学于一体的模块化课程体系。

2. 开发模块化系列教材

结合企业岗位工作过程，在教材内容上突出应用性与实践性，围绕职业能力要求重构知识点与技能点，关注技术发展带来的学习内容和学习方式的变化；结合国家职业教育专业教学资源库建设，不断完善教材形态，对经典的纸质教材进行数字化教学资源配套，形成“纸质教材＋数字化资源”的新形态一体化教材体系；开展以在线开放课程为代表的数字课程建设，不断满足“互联网＋职业教育”的新需求。

3. 实施理实一体化教学

组建结构化课程教学师资团队，把“学以致用”作为课堂教学的起点，以理实一体化实训场所为主，广泛采用案例教学、现场教学、项目教学、讨论式教学等行动导向教学法。教师通过知识传授和技能培养，在真实或仿真的环境中进行教学，引导学生将有用的知识和技能通过反复学习、模仿、练习、实践，实现“做中学、学中做、边做边学、边学边做”，使学生将最新、最能满足企业需要的知识、能力和素养吸收、固化成为自己的学习所得，内化于心、外化于行。

本次高职化工类模块化系列教材的开发，由职教专家、企业一线技术人员、专业教师联合组建系列教材编委会，进而确定每本教材的编写工作组，实施主编负责制，结合化工行业企业工作岗位的职责与操作规范要求，重新梳理知识点与技能点，把职业岗位工作过程与教学内容相结合，进行模块化设计，将课程内容按知识、能力和素质，编排为合理的课程模块。

本套系列教材的编写特点在于以学生职业能力发展为主线，系统规划了不同阶段化工类专业培养对学生的知识与技能、过程与方法、情感态度与价值观等方面的要求，体现了专业教学内容与岗位资格相适应、教学要求与学习兴趣培养相结合，基于实训教学条件建设将理论教学与实践操作真正融合。教材体现了学思结合、知行合一、因材施教，授课教师在完成基本教学要求的情况下，也可结合实际情况增加授课内容的深度和广度。

本套系列教材的内容，适合高职学生的认知特点和个性发展，可满足高职化工类专业学生不同学段的教学需要。

高职化工类模块化系列教材编委会

2021 年 1 月

前言

聚甲基丙烯酸甲酯（PMMA）作为一种发展前景广阔、应用范围广的典型高分子材料，受到化工行业的日益重视，致使化工行业对该技术领域人才的需求日渐迫切。目前国内高职院校用于指导聚甲基丙烯酸甲酯生产实践的教材种类较少，学生在实践中提升学以致用的能力受到限制。

本书基于聚甲基丙烯酸甲酯实际生产，通过合理性引导，详细地介绍了聚甲基丙烯酸甲酯生产实践过程中所需的理论知识和工艺操作流程，可以有效实现高职院校学生由单一简单操作训练向多工段整合的过渡，利于学生建构职业系统知识、形成职业能力。

教材按照模块化设计，紧紧把握以聚甲基丙烯酸甲酯生产工作任务为导向的主线，有针对性地融入市场分析和高分子知识，为化工类专业注入新的知识元素。注重工学结合，严格按照化工企业工作岗位任务组织教学，课程内容以实践训练为任务，理论引导为支撑，充分体现了课程的职业特色，让学生在学习阶段体验化工实际生产过程。教材内容与生产设备密切结合，通过集“教、学、做”于一体的训练，激发学生的学习热情，使学生初步掌握化工生产的职业综合技能。

本书由东营职业学院李烁任主编，刘德志、李雪梅任副主编。具体编写分工如下：模块一由李烁编写；模块二由刘德志、李雪梅编写；模块三由姜文涛、李浩、訾雪编写。全书由李烁统稿，山东国瓷功能材料股份有限公司朱恒、山东海科创新研究院有限公司何海波任主审。

在编写过程中，秦皇岛博赫科技开发有限公司的相关技术专家，提供了珍贵技术资料，在此表示衷心感谢。

由于编者水平所限，书中不足之处在所难免，恳请广大读者批评指正。

编　者

2023 年 3 月

目录

二维码数字资源一览表

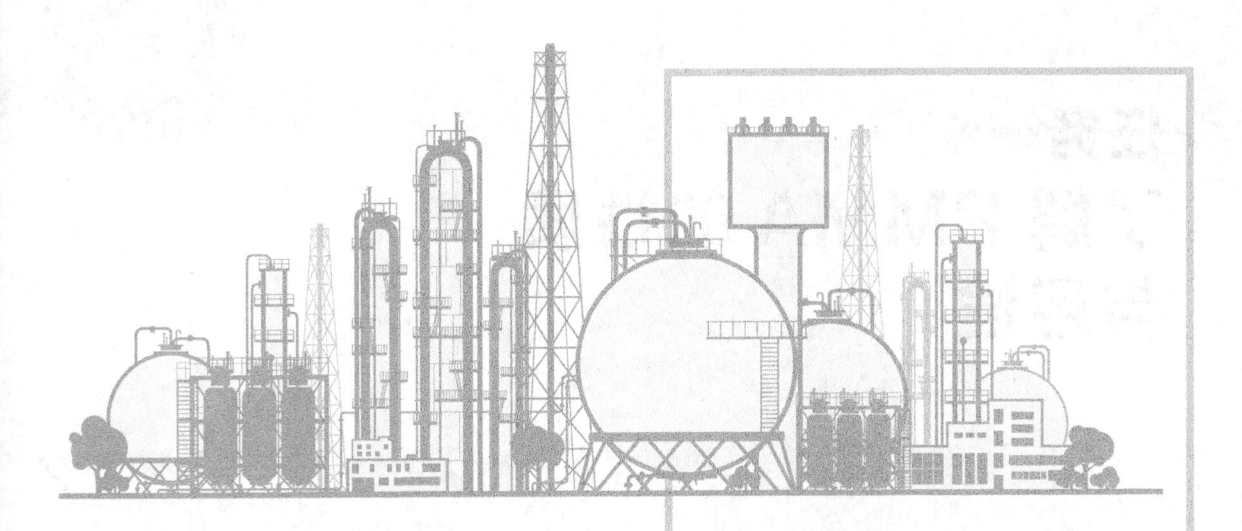

模块一

PMMA 生产基础

【情境描述】

丙烯酸系单体包括（甲基）丙烯酸、（甲基）丙烯酸酯、（甲基）丙烯腈、（甲基）丙烯酰胺等，这些都容易进行自由基聚合，可以形成相应聚合物。其中聚甲基丙烯酸甲酯应用相对广泛。聚甲基丙烯酸甲酯简称 PMMA，是迄今为止合成透明材料中质地优异、价格又比较适宜的品种。

PMMA 具有良好的综合力学和光学性能，广泛地应用于制作各种器件。其生产工艺多样，产品的品质因工艺的不同略有差异。本模块学习内容涵盖 PMMA 的性质与用途、生产工艺原理与 PMMA 生产控制系统的功能和使用方法。

任务一 了解 PMMA 的性质与用途

任务描述

在学习化工与高分子专业知识的基础上，掌握搜集PMMA产品性质的各种有效手段，学习相关信息，具备根据具体用途判断、利用其物化性质的能力。

任务目标

知识目标

① 掌握PMMA的物理和化学性质；
② 了解PMMA的典型用途。

技能目标

① 能够根据任务需求进行信息搜集与处理；
② 培养市场分析的能力。

素质目标

① 养成认真负责、严谨细致的科学态度；
② 具备专业规范表达的能力；
③ 培养团队沟通交流及协作能力。

一、 PMMA 简介

PMMA 俗称有机玻璃、亚克力，是一种由甲基丙烯酸甲酯（简称 MMA）单体通过自由基聚合形成的高透明无定形的热塑性树脂。其具有质轻、透明度高、耐候性好、易于机械加工、尺寸稳定等优点，被誉为“塑料女王”。

PMMA 树脂产品主要包括模塑料和板材（如挤压板、浇注板等），PMMA 板材如图 1-1 所示。

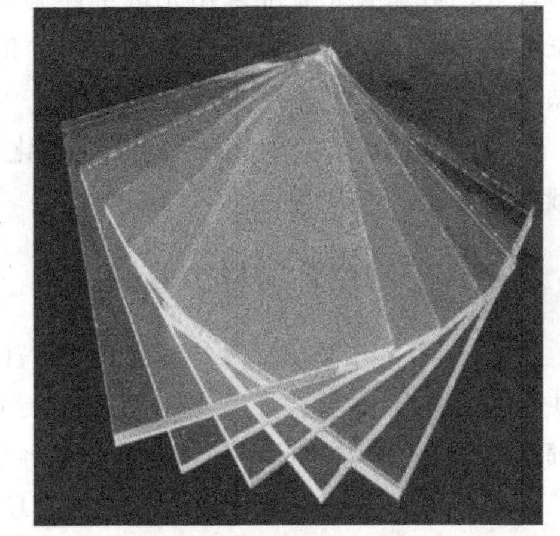

图 1-1　PMMA 板材

传统的 PMMA 聚合工艺是本体浇注法，只能生产板材有机玻璃，应用受到一定的限制。PMMA 模塑料是以 MMA 为主体，与少量丙烯酸酯类单体共聚而成的共聚物，具有更广阔的应用领域，聚合技术包括悬浮聚合、溶液聚合和本体聚合三种工艺。

PMMA 板材制作主要有挤压工艺与浇注工艺两种加工形式。挤压工艺是指将原料通过高温挤压成型的生产方式。浇注工艺是指将原料高温熔化后注入模具中浇注生产板材的生产方式。

二、 PMMA 材料的发展历程

PMMA 的研究开发已有近百年的历史。1927 年，德国罗姆哈斯（Roehm GmbH）公司的化学家在两块玻璃板之间将丙烯酸酯加热，丙烯酸酯发生聚合反应，生成了黏性的橡胶状夹层，其可用作防破碎的安全玻璃。当他们使用同样的方法使 MMA 聚合时，得到了透明度高、其他性能也较好的有机玻璃板，它就是 PMMA。

1931 年，罗姆哈斯公司采用本体聚合技术生产 PMMA，产品首先在飞机上得到应用，用作飞机舱罩和挡风玻璃。

1948 年，世界上第一只 PMMA 浴缸诞生，是 PMMA 应用新的里程碑。

20 世纪 60 年代，德国莱莎英（Resart-Ihm）公司和日本三菱丽阳株式会社相继成功开发了悬浮聚合和连续本体聚合 PMMA 生产技术，并于 70 年代实现了工业化生产。

20 世纪 70 年代，德国莱莎英公司和美国 KSH 公司共同投资，与美国聚合物技术公司共同开发溶液聚合技术，80 年代初在美国建立工业化生产装置。

20 世纪 80 年代末，全球 MMA 产量迅速增加，促进了 PMMA 生产的规模化和连续化。由于本体聚合技术封锁，到 20 世纪 90 年代后期，溶液聚合生产技术成为了国际市场的主流技术。

在 PMMA 聚合技术中，悬浮聚合和溶液聚合技术成熟，属于传统的生产技术，被绝大多数生产企业采用。但是，高端 PMMA 品种，如用于液晶显示屏导光板等，由于对透光率、热稳定性、产品纯净度要求严格，国外厂商普遍采用连续本体聚合工艺技术。该技术对设备和工艺的要求苛刻，存在传质、传热和聚合转化率控制等技术难点，因此早期只有德国、美国和日本几家生产企业掌握此技术。

我国从 20 世纪 70 年代开始小规模生产 PMMA 粒料，20 世纪 80 年代末黑龙江龙新化工有限公司从美国聚合物技术公司引进溶液法生产模塑料装置。国际 PMMA 生产巨头瞄准中国市场也纷纷在我国建设 PMMA 生产线。2005 年以后，日本、韩国等光导面板、IT 产品及汽车生产向中国大量转移，使国内对高品质 PMMA 的需求持续以两位数增长。随着外资的大量涌入，国内高品质的 PMMA 模塑料生产发展较快。2017 年以来，以烟台万华化学为代表的数家化工企业采用先进本体聚合技术投产 PMMA 生产线，开启国内 PMMA 行业发展新篇章。溶液聚合法工艺生产出来的低端 PMMA 产品因结构性过剩或将逐步被淘汰，预计未来新增产能主要以本体聚合工艺为主。

目前，PMMA 凭借优异的物理和化学性能而备受关注，在航空、汽车、建筑、医学等领域得到了广泛应用。

三、PMMA材料市场概况

M1-1 PMMA 市场概况

2020 年，全球 PMMA 需求量为 170 万吨。随着全球经济复苏步伐加快，包括电子电器、导光板、汽车等行业在内的下游应用领域不断增长，预计到 2024 年，全球 PMMA 需求量将达到 212 万吨。

同年全球 PMMA 产能总计为 233 万吨，整体处于产能过剩的局面。产能相对集中，占比前五的企业产能约占据总产能的 72%，分别是罗姆、三菱、奇美、住友、阿科玛，这 5 家生产商的产能分布较为均衡，每家占比均在 10%～20%之间（表 1-1）。

表 1-1 全球 PMMA 生产企业按产能划分的市场占有率情况（2020 年）

企业名称	产能/(万吨/年)	产能占比/%
罗姆(原赢创)	40	17
三菱	36	15.5
镇江奇美	36	15.5
住友	30	12.9
阿科玛	26	11.2
LG	12	5.2
苏州双象	8	3.4
万华化学	8	3.4
PLASKOLITE	6	2.6
韩国大山	6	2.6
KURARAY	6	2.6
SABIC	5.5	2.4
旭化成	5	2.1
其他	8.5	3.6
总计	233	100

2020 年国内 PMMA 有效产能总计达到 41.5 万吨，实际产量为 24 万吨，进口量仍然达到 22 万吨之多。我国 PMMA 低端产能过剩，而用于生产液晶显示器、光纤材料等的高端 PMMA 产品长期依赖进口。随着 5G、新能源汽车、液晶显示屏、LED 等下游领域的快速发展，国内高端光学级 PMMA 的需求量将持续增长。

2020 年国内 PMMA 产能集中度较高，产能前五的企业占比超过 90%。前五大企业分别为南通丽阳、镇江奇美、苏州双象、万华化学、罗姆，其中有 3 家是外商合资企业，产能占比共 53.4%（表 1-2）。

表 1-2　2020 年国内有效 PMMA 产能分布

企业名称	PMMA 产能/(万吨/年)	占比/%	企业性质
南通丽阳	9	21.7	合资
镇江奇美	9	21.7	合资
苏州双象	8	19	内资
万华化学	8	19	内资
罗姆	4	10	合资
上海泾奇	2	5	内资
龙新集团	1.5	3.6	内资
总计	41.5	100	—

由于我国建筑、装修装饰、交通运输等行业的不断发展，对 PMMA 的需求持续增长，PMMA 行业的高景气有望延续。山东启恒新材料、东明华谊玉皇新材料、苏州双象光学材料等企业计划新建 PMMA 项目，新增产能约为 50 万吨。

活动 1：填写 PMMA 产品性质表

M1-2　PMMA 的物化性质

查阅资料，完成 PMMA 理化性质表 1-3。

表 1-3　PMMA 理化性质

标识	中文名：	英文名：
	别名：	CAS 号：
理化性质	外观与性状：	
	水溶性：	
	熔点/℃：	密度/(g/cm^3)：
	透光率/%：	玻璃化转变温度/℃：

学一学

1. PMMA的物理性质

（1）光学性能　PMMA是具有优异综合性能的透明材料，它具有极好的透光性，透光率达到90%～92%，比普通无机玻璃的透光率高近10%，常用塑料中其透明性是最好的，可透过大部分紫外光和红色光。PMMA对于不同波长光的透光率如图1-2所示。

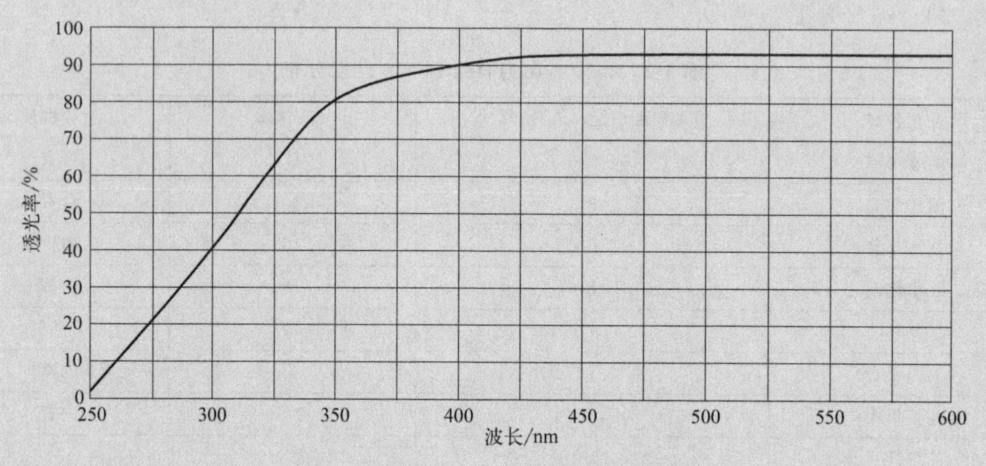

图1-2　PMMA透光率与波长的关系

（2）力学性能　PMMA的分子量要合适，当分子量太高时，熔体流动性差，难以加工；当分子量太低时，应用性方面难以满足要求。PMMA的分子量在50万～150万不等，是长链的高分子聚合物。PMMA的强度比较高，具有良好的综合力学性能，在通用塑料中居于前列。

一般而言，PMMA的拉伸强度可达到50～77MPa，弯曲强度可达到90～130MPa，这些性能数据的上限已达到甚至超过某些工程塑料。拉伸、弯曲、压缩等强度均高于聚烯烃，也高于聚苯乙烯、聚氯乙烯等。抗拉伸和抗冲击的能力比普通玻璃高7～18倍。冲击韧性一般，高于普通玻璃和聚苯乙烯系塑料，但比丙烯腈-丁二烯-苯乙烯共聚物（简称ABS树脂）低得多。其断裂伸长率仅为2%～3%，故其基本属于硬而脆的塑料，且具有缺口敏感性，在应力下易开裂。PMMA表面硬度低，磨毛后对透明性有一定影响。其典型力学性能如表1-4所示。

表1-4　PMMA典型力学性能

力学性能指标	指标范围/MPa	力学性能指标	指标范围/MPa
拉伸强度	50～77	压缩强度	130
弯曲强度	90～130	拉伸弹性模量	2.5～6

（3）密度　PMMA的密度为1.15～1.2g/cm^3，约为玻璃密度（2.4～2.8g/cm^3）的一半，金属铝密度的43%。

（4）热性能　PMMA热稳定性中等，优于聚氯乙烯和聚甲醛，但不及聚烯烃和聚苯乙烯，属于易燃材料。氮气条件下，150℃轻度降解，230℃明显降解；空气条件下，240℃开始降解。降解后的残留单体会严重损害产品的透光性和力学性能，严重限制其适用范围。自由基聚合法制备 PMMA 树脂的玻璃化转变温度约为 105℃（无定形和结晶热塑性聚合物低温时都呈玻璃态，受热至某一较窄温度，则转变成橡胶态或柔韧的可塑状态，这一转变温度称作玻璃化转变温度），维卡软化温度约为 113℃，热变形温度不高，可以在 −60～65℃的范围内长期使用，最高连续使用温度随工作条件不同在 65～95℃之间改变。一般情况下热变形温度不超过 90℃，其热分解温度略高于 270℃，流动温度约为 160℃，故有较宽的熔融加工温度范围。PMMA 熔体黏度较高，冷却速率又较快，制品容易产生内应力，因此成形时对工艺条件控制要求严格，制品成形后也需要进行后处理。

2. PMMA 的化学性质

（1）耐化学腐蚀性　PMMA 的化学性质稳定，可耐较稀的无机酸，但浓的无机酸可使它浸蚀。可耐盐类和油脂类，耐脂肪烃类，不溶于水、甲醇、甘油等，但可吸收醇类溶胀，并产生应力开裂。不耐酮类、氯代烃和芳烃。在许多氯代烃和芳烃中可以溶解，如二氯乙烷、三氯乙烯、氯仿、甲苯等。PMMA 对气体的耐腐蚀能力较强，长期与臭氧、二氧化硫等气体接触，均不会被腐蚀。

（2）耐候性　PMMA 具有较好的耐候性，即耐老化性能。其试样经四年自然老化实验，拉伸强度、透光率略有下降，色泽略有泛黄，抗银纹性下降较明显，冲击强度还略有提高，其它物理性能几乎未变化。PMMA 含有极性侧甲基，具有明显的吸湿性，成形前必须干燥。

（3）燃烧性　PMMA 属于易燃材料，其氧指数为 17.3。火焰呈浅蓝色，下端为白色。燃烧时产生气泡、熔融滴落，并伴有腐烂水果、蔬菜的气味。在有氧燃烧中生成二氧化碳、水、一氧化碳及甲醛等低分子化合物，不产生烟气。作为建筑板材时，一旦接触火源极易燃烧，同时因其具有熔融滴落物，会进一步扩大火势。

活动 2：列举 PMMA 典型用途及对应的物理和化学性质

查阅 PMMA 相关材料，完成 PMMA 产品典型用途与对应性质表 1-5。

表 1-5　PMMA 产品典型用途与对应性质

产品名称	典型用途	利用的物理和化学性质
PMMA		

PMMA 作为一种开发较早的重要热塑性塑料，具有透明度高、稳定性和耐候性好、价格低、易于加工等优点，广泛作为玻璃的替代材料。近几年，全球为应对新型冠状病毒感染疫情的蔓延，在很多设施中安装了 PMMA 隔离保护板。其典型应用场景如表 1-6 所示。

表 1-6　PMMA 的典型应用

应用领域	用途举例	利用的物理和化学性质	应用场景
建筑	建筑采光体、透明屋顶、棚顶、电话亭、楼梯和房间墙壁护板	高透光率、高强度、轻自重	
交通	火车、巴士及其他交通工具的门窗、车灯，飞机、船的窗户及挡风板等	高透光率、高强度	
仪表	仪表零件、指示灯罩、仪表盘	高透光率、高强度	
照明	室内外照明灯具、汽车指示灯与尾部灯外壳、交通信号灯罩	高透光率、强耐候性	
光学	制作各种透镜、反射镜、棱镜、电视机荧屏等	高透光率、高强度	

续表

应用领域	用途举例	利用的物理和化学性质	应用场景
医学	婴儿保温箱、消毒柜、人工关节、人工角膜以及各种手术医疗器械,另外还可做人工晶状体、隐形眼镜等医学功能材料	耐生物老化性能和好的生物相容性、高强度、高透光率	

一、填空题

1. PMMA俗称有机玻璃、________,是一种由甲基丙烯酸甲酯通过聚合形成的高透明无定形的________树脂。

2. PMMA是优良的高分子透明材料,透光率达到________。

3. PMMA耐热性并不高,其玻璃化转变温度约为________。

4. PMMA主要应用于________、________、________、照明、光学、医学等领域。

二、简答题

如果人眼的透明角膜长满了不透明的物质,光线就不能进入眼内。这就是全角膜白斑病引起的失明,而且这种病无法用药物治疗。于是,医学家设想用人工角膜代替长满白斑的角膜。所谓人工角膜,就是用一种透明的物质做成一个镜柱,然后在人眼的角膜上钻一个小孔,把镜柱固定在角膜上,光线通过镜柱进入眼内,人就能重见光明了。

1. 请查阅资料并回答人工角膜是采用什么材料制备的。

2. 该材料在人工角膜方面的应用,用到它哪些方面的物理和化学性质?

任务二
掌握 PMMA 间歇式悬浮聚合工艺原理

任务描述

请搜集PMMA合成工艺的演变和发展信息，建立对聚合技术的感性认识。逐步深入学习和掌握PMMA的自由基聚合原理和间歇式悬浮聚合实训装置工艺流程，为完成实训任务打好基础。

任务目标

知识目标

① 掌握PMMA悬浮聚合原理；
② 熟悉自由基聚合反应实施方法；
③ 掌握PMMA实训装置工艺流程。

技能目标

① 会熟练地识读和绘制工艺流程示意图；
② 会识别并绘制带控制点的工艺流程图。

素质目标

① 培养认真负责、严谨细致的科学态度；
② 培养规范严谨的分析能力；
③ 具备良好的团队协作能力。

一、常用名词释义

1. 高分子化合物

高分子化合物又称为高分子、高聚物、聚合物等，是由一类具有不饱和键的分子聚集而成的化合物。可以从不同专业角度，对高分子化合物进行多种分类，例如按来源、合成方法、用途、热行为、结构等来分类。按来源，可分为天然高分子、合成高分子、改性高分子。按用途，可粗分为合成树脂和塑料、合成橡胶、合成纤维等。按热行为，可分为热塑性聚合物和热固性聚合物。按聚集态，可以分为橡胶态、玻璃态和部分结晶态等。

高分子材料应用很广，已渗透到我们生活的方方面面，在通信、汽车、建筑、家电、包装、医疗、化工、航空航天等领域均有应用，可以说我们的生活离不开高分子材料，生活中的典型应用如图 1-3 所示。

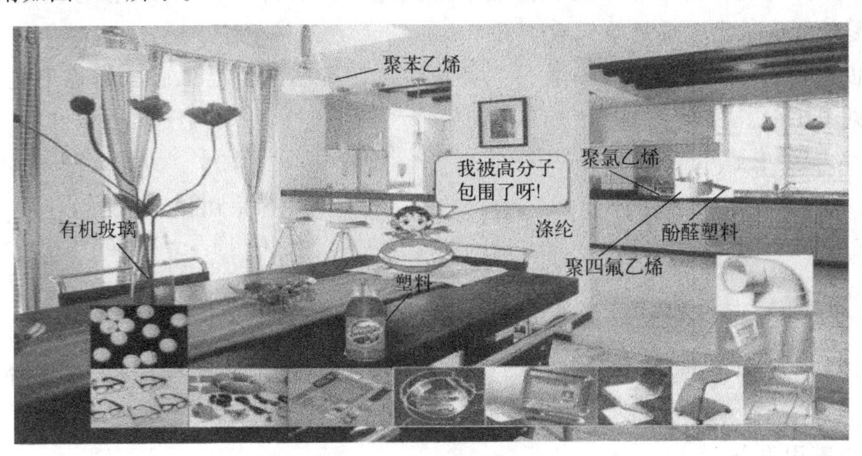

图 1-3　高分子材料的应用示例

聚合物主要用作材料，强度是材料的基本要求，而分子量是影响强度的重要因素。一般来讲，聚合物强度随分子量增大而增加。因此，在聚合物合成和成形中，分子量总是评价聚合物的重要指标。分子按照分子量的大小可分为小分子、聚合物和超高分子量聚合物等，如图 1-4 所示。大多数高分子的分子量在一万到几百万之间。高分子化合物的分子量很大，在物理、化学和力学性能上与低分子化合物有很大差异。

小分子	1000	过渡区	10000	聚合物	10000000	超高分子量聚合物 →

图 1-4　分子按照分子量大小的分类

高分子化合物的分子量虽然很大，但组成并不复杂，它们的分子通常都是由简单的结构单元通过共价键多次重复键接而成，例如，聚氯乙烯是由许多氯乙烯分子聚合而成的。

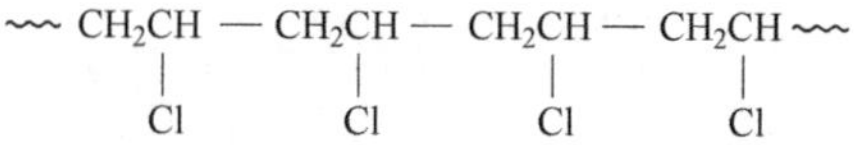

$$\sim\sim CH_2\underset{\displaystyle Cl}{\underset{|}{C}}H - CH_2\underset{\displaystyle Cl}{\underset{|}{C}}H - CH_2\underset{\displaystyle Cl}{\underset{|}{C}}H - CH_2\underset{\displaystyle Cl}{\underset{|}{C}}H\sim\sim$$

上式中~~代表碳链骨架，略去了端基。上式可以缩写成下式：

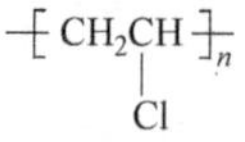

$$\left[CH_2\underset{\displaystyle Cl}{\underset{|}{C}}H \right]_n$$

2. 单体

能与同种或异种分子聚合的小分子统称为单体，是合成聚合物的低分子原料，一般是不饱和的、环状的或含有两个或多个官能团的低分子化合物。由一种单体聚合而成的聚合物称为均聚物，如采用MMA作为单一原料生产的PMMA就是一种均聚物。由两种或以上单体聚合而成的聚合物称作共聚物，如丙烯腈-丁二烯-苯乙烯共聚物。

3. 结构单元

结构单元是单体分子通过聚合反应进入大分子链的基本单元。结构单元的元素组成可以与单体的元素组成相同，也可以不同。大分子链上化学组成和结构均可重复出现的最小基本单元，可简称重复单元，又可称为链节。单体分子通过聚合反应形成的元素组成与单体完全相同的结构单元称为单体单元。当结构单元与单体的元素组成相同，只是电子结构有所改变时，结构单元亦可统称为单体单元、重复单元或链节。如图1-5所示方括号内是结构单元，也就是重复单元，n代表重复单元数。

聚酰胺一类聚合物的结构式有着另一特征，例如聚己二酰己二胺（俗称尼龙-66，重复单元示意见图1-6）。

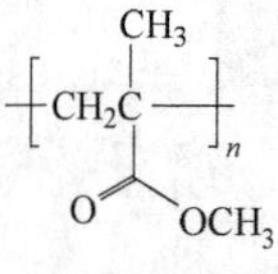

$$\left[CH_2\overset{\displaystyle CH_3}{\overset{|}{\underset{|}{C}}} \right]_n \quad (C{=}O)OCH_3$$

图1-5　结构单元示意

$$\left[NH(CH_2)_6NHCO(CH_2)_4CO \right]_n$$

← 结构单元 →← 结构单元 →
←——— 重复单元 ———→

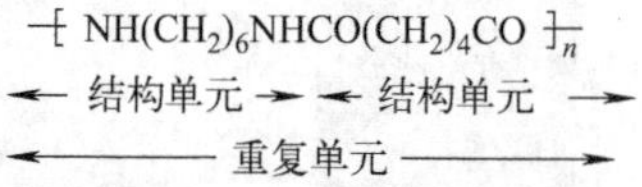

图1-6　重复单元示意

图1-6中括号内的重复单元由—$NH(CH_2)_6NH$—和—$CO(CH_2)_4CO$—两种结构单元组成。

4. 自由基引发剂

多数烯类单体的加聚反应属于连锁聚合反应机理。连锁聚合需要活性中心，活性中心可以是自由基、阴离子或阳离子，因此有自由基聚合、阴离子聚合和阳离子聚合。烯类单体带有双键，与σ键相比，π键较弱，容易断裂进行加聚反应，形成加聚物。可用引发剂或借助热、光、辐射等作用来引发自由基聚合反应。引发剂通常是一些分子结构上有弱键、易分解成活性种的化合物，可在聚合温度下具有适当的热分解速率，分解生成自由基，并能引发烯类、双烯类单体聚合。它不仅影响聚合反应速率，而且还是聚合物分子量的重要影响因素。

常用的引发剂有热分解性引发剂和氧化-还原引发体系。由于受热在弱键处均裂而生成初级自由基的化合物为热分解性引发剂，常用的有偶氮化合物和过氧类化合物。

（1）偶氮类引发剂　一般通式为RN═NR。其中R—N键为弱键，分解温度与烷基结构有关，均裂在此处发生。典型的偶氮类引发剂有偶氮二异丁腈（简称AIBN）和偶氮二异庚腈（简称ABVN）。AIBN一般在45～80℃下使用，其引发反应如下所示，在C—N键处发生均裂，产生 2-氰基丙基自由基，并放出氮气。

$$(CH_3)_2C(CN)—N{=}N—C(CN)(CH_3)_2 \longrightarrow 2\,(CH_3)_2\dot{C}(CN) + N_2$$

偶氮二异丁腈　　　　2-氰基丙基自由基

偶氮二异丁腈引发特点：

① 分解反应呈一级反应，只形成一种自由基，无其它副反应；

② 稳定性好，贮存、运输、使用均比较安全，但在 80～90℃下也会剧烈分解；

③ 产品易提纯，价格便宜；

④ 分解速度低，属低活性引发剂，使聚合时间延长，且有毒。

ABVN 是在 AIBN 的基础上发展起来的活性较高的引发剂。

(2) 有机过氧类引发剂　一般通式为 R—O—O—R′，式中 R、R′可以是氢、烷基、酰基、碳酸脂等，两者可以相同，也可以不同。其中 O—O 键为弱键，一般在 60～80℃即可发生断裂。弱过氧键受热易均裂成两个自由基，其中最典型的为过氧化二苯甲酰（简称 BPO），它在常温下是一种白色结晶性粉末，由于 O—O 键部分的电子云密度大而相互排斥，易断裂，用于 60～80℃下聚合比较有效。

(3) 无机过氧类引发剂　过硫酸盐如过硫酸钾和过硫酸铵是这类引发剂的代表，多用于乳液聚合和水溶液聚合。其分解产物是离子自由基 SO_4^- ·或自由基离子。

$$KO—S(=O)_2—O—O—S(=O)_2—OK \longrightarrow 2KO—S(=O)_2—O\cdot$$

(4) 氧化-还原引发体系　一般引发剂均需在较高温度下才能分解出初级自由基，因而限制了它们在低温下使用的可能性，而低温聚合能减少链转移、支化、交联等副反应，可获得质量较好的高聚物。

过氧化物引发剂中加入适量还原剂，便构成氧化-还原引发体系。通过氧化还原反应，生成自由基而引发聚合反应。该体系可大大降低活化能，有利于实现低温聚合，且有较快的聚合速率。这类体系可以是无机或有机化合物。

引发剂的选择应遵循以下原则：

① 首先根据聚合方法选择引发剂种类。本体、悬浮和溶液聚合应选用油溶性引发剂；水溶液和乳液聚合常选用水溶性引发剂。

② 根据聚合温度选择活化能或半衰期适当的引发剂，使自由基形成速率和聚合速率适中。聚合温度高，一般选用低活性或中等活性的引发剂。聚合温度低，则选用高活性的引发剂。引发剂使用温度范围见表 1-7。

表 1-7　引发剂使用温度范围

引发剂使用温度范围	引发剂举例
高温（>100℃）	异丙苯过氧化氢，叔丁基过氧化氢，过氧化二异丙苯，过氧化二叔丁基
中温(40～100℃)	过氧化二苯甲酰，过氧化十二酰，偶氮二异丁腈，过硫酸盐
低温(－10～40℃)	氧化-还原体系：过氧化氢-亚铁盐，过硫酸盐-亚硫酸氢钠，异丙苯过氧化氢-亚铁盐
超低温(<－30℃)	过氧化物-烷基金属(三乙基铝、三乙基硼、二乙基铅)，氧-烷基金属

③ 根据聚合物的特殊用途选择符合质量要求的引发剂。在选用引发剂时，还需考虑引发剂对聚合物有无影响，有无毒性，使用储存时是否安全等问题。如过氧类引发剂具有氧化性，易使聚合物着色；偶氮类引发剂含有氰基，有毒而不能用于医药、食品等有关聚合物的合成。

④ 引发剂的用量一般通过试验确定。引发剂的用量大约为单体质量（或物质的量）的0.1%～2%。

5. 阻聚剂

阻聚剂是一类工业助剂，通常用于防止聚合作用的进行。阻聚剂分子与链自由基反应，形成非自由基物质或不能引发的低活性自由基，从而使聚合终止。阻聚剂可以防止聚合反应的进行，从而在聚合过程中产生诱导期（即聚合速度为零的一段时间）。诱导期的长短与阻聚剂含量成正比，阻聚剂消耗完，诱导期结束，随后按无阻聚剂存在时的正常速度进行聚合反应。为了避免烯类单体在贮藏、运输等过程中发生聚合，单体中往往加入少量阻聚剂，在聚合前再将它除去。阻聚剂通常为固体物质，挥发性小，在蒸馏单体时即可将它除去。

6. 分散剂

悬浮聚合顺利进行的关键是使单体能均匀分散于水相中，并始终保持其稳定的分散状态，直至完成聚合反应。为了消除分散-聚集动态平衡状态中发黏液滴的聚集趋向，防止因相互黏结而引起的凝聚结块，保障单体液滴分散均匀，需加入分散剂，从而使单体液滴表面形成保护膜。分散剂的种类主要包括以明胶、纤维素衍生物、聚乙烯醇为代表的水溶性高分子化合物和以碳酸钙、碳酸镁、滑石粉为代表的不溶于水的无机化合物。

本实训装置生产中采用明胶作为分散剂，其主要成分为由动物皮骨熬煮而成的动物胶蛋白，分子量在300～200000之间，属于两性天然高聚物。

7. 自由基聚合机理

单体借助于光、热、辐射或引发剂的作用，活化为活性自由基，再与单体连锁聚合形成高聚物的化学反应称为自由基聚合。

绝大多数反应是由含不饱和双键的烯类单体作为原料，通过打开单体分子中的双键，在分子间进行重复多次的加成反应，把许多单体连接起来，形成大分子。只有一种单体参加的自由基聚合反应称为自由基均聚合，如合成聚氯乙烯等。有两种以上单体同时参加的自由基聚合反应称为自由基共聚合，如合成丁苯橡胶、丁腈橡胶等。

自由基聚合总反应由链引发、链增长、链终止、链转移等基元反应串联或并联而成。引发剂I分解成初级自由基R·，并打开烯类单体的π键发生加成，形成单体自由基RM·。单体自由基持续迅速打开许多烯类分子的π键，加成，形成新的自由基。新的自由基活性并不减弱，连续加成，使链增长，活性中心始终处于活性链的末端。增长着的活性链RM_{n-1}·可能将活性转移给单体、溶剂等，形成新的活性种，而链本身终止，构成链转移反应。活性链也可自身链终止成聚合物。这许多基元反应就构成了自由基聚合的微观历程。反应历程如下所示。

链引发　$I \longrightarrow 2R\cdot$（引发剂I分解，形成初级自由基R·）

　　　　$R\cdot + M \longrightarrow RM\cdot$（初级自由基与单体加成，形成单体自由基）

链增长

$$RM\cdot + M \longrightarrow RM_2\cdot$$

$$RM_2\cdot + M \longrightarrow RM_3\cdot$$

……

$$RM_{n-1}\cdot + M \longrightarrow RM_n\cdot$$

链转移 $$RM_{n-1}\cdot + S \longrightarrow RM_{n-1} + S\cdot$$

链终止 $$RM_n\cdot \longrightarrow \text{死聚合物}$$

自由基聚合反应的特点鲜明：

① 整个聚合过程分为链引发、链增长、链终止、链转移等基元反应，各步反应速率和活化能相差很大；

② 反应速度快，单体一经引发，即迅速进行聚合反应，瞬间形成大分子；

③ 体系内始终由单体和高聚物组成，不存在聚合度递增的一系列中间产物；

④ 反应连锁进行，转化率随时间的延长而增加；

⑤ 反应是不可逆的。

二、自由基聚合反应实施方法

自由基聚合反应是一类在高分子合成工业中应用最广泛的化学反应，大多烯类单体的聚合都采用自由基聚合，所得聚合物都是线型高分子化合物。根据聚合方式的不同，PMMA 生产工艺可分为本体聚合、溶液聚合和悬浮聚合三种形式。小规模间歇生产以悬浮聚合工艺为主，大规模连续化生产均采用溶液聚合或本体聚合工艺。它们的特点不同，所得产品的形态与用途也不相同。

1. 间歇本体聚合

本体聚合是在不加任何溶剂以及其他分散剂的条件下，仅是 MMA 单体在引发剂、热、光或辐射源作用下引发的聚合反应。在 MMA 进行间歇本体聚合时，第一阶段预聚至约 10%转化率的黏稠浆液，然后浇模分段升温聚合，最后脱模成板材或型材。本体聚合产物分子量较高，且杂质少，具有高透明度。生产设备利用率高，能耗低，后处理简单，不需要复杂的分离、提纯操作。但是本体聚合突出的特点是有“凝胶效应”，即在聚合过程中，当转化率达到约 20%时，体系黏度骤然上升，聚合速率突然加快，聚合热不易扩散，温度难控制，同时活性增长链移动困难，致使其相互碰撞而产生的链终止速率下降。然而，单体分子扩散作用基本不受影响，因此活性链与单体分子结合进行链增长的速率不变，总的结果是聚合反应总速率增加，出现了自动加速效应。“凝胶效应”在很多单体聚合过程中都有发生，在 PMMA 的本体聚合中“凝胶效应”甚为明显。温度过高时，轻则造成局部过热，分子量分布宽，影响聚合物的机械强度；重则温度失控，引起爆聚。通常本体聚合主要在反应器也就是模具中进行，反应结束后，可获得与模具形状相同的产品，主要有板、棒、管等。PMMA 本体聚合体系组成及生产过程如图 1-7 所示。

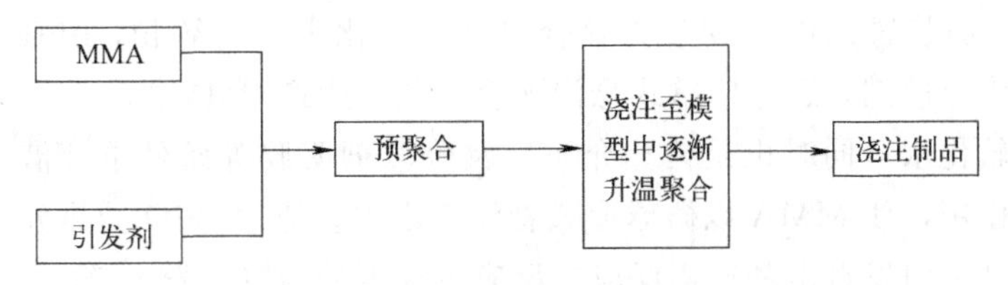

图 1-7　PMMA 间歇本体聚合体系组成及生产过程

2. 溶液聚合

MMA 单体和引发剂溶于适当溶剂中进行的聚合反应，可进行大规模连续化生产。溶液聚合为均相反应，体系黏度较低，聚合热导出较为容易，反应温度易控制。自动加速作用小，分子量分布较窄且容易调节。产品中助剂、残留单体和溶剂含量较低，产品比较纯净。但由于聚合体系中含有大量溶剂，单体浓度低，聚合速率较慢，设备利用率和生产能力较低；聚合物溶液需要进行多级闪蒸、造粒等后处理过程，才能得到树脂产品；同时脱除的大量溶剂和未反应单体需要进行精馏提纯，回收利用，反处理能耗高，增加生产成本。PMMA 溶液聚合体系组成及生产过程见图 1-8。

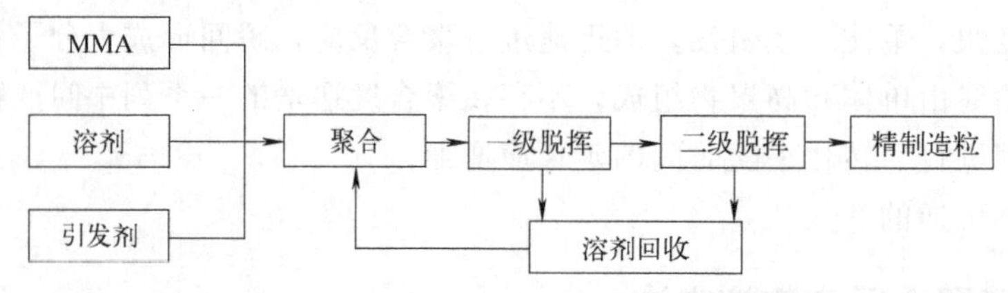

图 1-8　PMMA 溶液聚合体系组成及生产过程

3. 悬浮聚合

借助机械搅拌和分散剂的作用，使油溶性 MMA 单体以液滴状悬浮在水介质中形成稳定的悬浮体进行聚合，如图 1-9 所示。一个小液滴就相当于一个小本体聚合单元。聚合产物不溶于水，呈现为固体颗粒，因此易分离、洗涤、干燥。悬浮聚合体系黏度低，散热好，反应温度控制较容易，单体转化率高，设备投资费用低，技术成熟；可任意切换品种牌号，适合于多品种、小批量生产。产品分子量及其分布稳定，可进行注塑、挤出等成型加工。但悬浮聚合法需要大量的水作连续相，生产效率较低，不适合大规模连续化生产。聚合过程中加入的分散剂等易残留于产品中，因而其纯度不如本体法。洗涤产品产生大量的污水，增加处理成本等。本 PMMA 实训装置即采用间歇式悬浮聚合工艺。

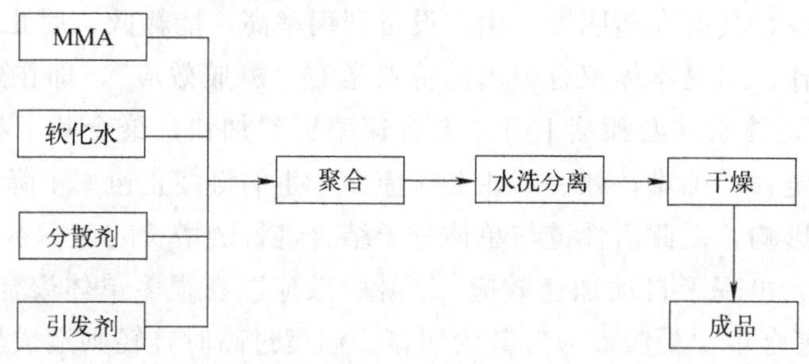

图 1-9　PMMA 悬浮聚合体系组成及生产过程

三、PMMA 悬浮聚合原理

M1-3　PMMA 聚合原理

本 PMMA 实训装置是以 MMA 为聚合单体，软化水为连续相，BPO 为引发剂，明胶为分散剂，通过间歇式悬浮聚合工艺来生产 PMMA。

在分散介质软化水（同时也是传热介质）及分散剂明胶等条件下，借助于搅拌的强烈作用，使 MMA 以微球形式悬浮于水中。通过 BPO 受热分解产生初级自由基来引发自由基连锁反应，反应过程可分为链引发、链增长、链终止及链转移等阶段。

在引发剂作用下，MMA 单体发生的加聚反应属于放热的连锁聚合反应，其反应式如下：

$$n\,CH_2=C(CH_3)COOCH_3 \longrightarrow \left[-CH_2-C(CH_3)(COOCH_3)-\right]_n$$

1. 链引发

本 PMMA 实训装置所用引发剂为 BPO，BPO 按两步分解：第一步均裂成苯甲酸基自由基，有单体存在时，即引发聚合。无单体存在时，进一步分解成苯基自由基，并放出二氧化碳，但分解不完全。其均裂反应如下所示：

$$C_6H_5COO-OOCC_6H_5 \longrightarrow 2\,C_6H_5COO\cdot \longrightarrow 2\,C_6H_5\cdot + CO_2$$

引发剂 BPO 受热时共价键发生均裂，断裂分解出初级自由基，初级自由基具有很高的反应活性。初级自由基一旦形成，很快与 MMA 分子作用，激发其 π 键电子，使之分离为两个独立电子，并与其中一个独立电子结合生成单体自由基。反应生成单体自由基是放热反应，反应活化能低，反应速率很大。

2. 链增长

单体自由基具有很高的活性，一旦形成，立即与其它 MMA 分子作用，打开其双键上的 π 键，形成新的自由基，新的自由基活性并不减弱，继续与其它 MMA 单体反应生成结构单元更多的链自由基。链增长的活化能约为 20kJ/mol。

单体自由基与单体反应生成新的自由基是放热反应，放热量约为 73kJ/mol，放出的热量要远远大于活化能，这就决定了链增长的速度极高，在瞬间即可生成分子量为数万的高聚物。因此，单体自由基一旦形成当即与其它单体加成形成活性链，最终成为大分子。在自由基聚合反应体系内，往往只存在单体和高聚物两部分，不存在聚合度递增的一系列中间产物。

3. 链终止

链终止活化能很低，自由基活性高，难孤立存在。链终止是链自由基相互作用而形成稳定大分子的过程。聚合反应不断进行，当达到一定的聚合程度，分子链已足够长，单体的浓度逐渐降低，使大分子的活动受到限制，就会使活性大分子失去独立电子而终止反应。链终止反应活化能很低，只有 8～21kJ/mol。

链终止反应一般为双基终止，其又可分为双基偶合终止和双基歧化终止两种方式。MMA 在 60℃以上时主要以歧化终止为主。

（1）偶合终止　活性自由基有互相作用的强烈倾向，两自由基相遇时，头部独立电子配对成共价键形成饱和大分子而终止叫偶合终止。偶合终止形成的大分子聚合度为链自由基结构单元数之和。当采用引发剂引发聚合时，大分子两端均为引发剂残基。

$$\sim\!CH_2-\overset{CH_3}{\underset{COOCH_3}{C}}\cdot + \cdot\overset{CH_3}{\underset{COOCH_3}{C}}-CH_2\!\sim \longrightarrow \sim\!CH_2-\overset{CH_3}{\underset{COOCH_3}{C}}-\overset{CH_3}{\underset{COOCH_3}{C}}-CH_2\!\sim$$

（2）歧化终止　两个活性高分子自由基相遇时，其中一个自由基夺取另一个自由基上的氢原子或其他原子而饱和，另一个自由基失去一个氢原子而带有不饱和的基团，这种终止方式就称为歧化终止。

$$\sim\!\sim CH_2-\underset{COOCH_3}{\overset{CH_3}{\underset{|}{\overset{|}{C}}}}\cdot \;+\; \sim\!\sim CH_2-\underset{COOCH_3}{\overset{CH_3}{\underset{|}{\overset{|}{C}}}}\cdot \;\longrightarrow\; \sim\!\sim CH_2-\underset{COOCH_3}{\overset{CH_3}{\underset{|}{\overset{|}{C}}}}-H \;+\; CH_3-\underset{COOCH_3}{\underset{|}{C}}=CH\sim\!\sim$$

歧化终止所得大分子的特征主要表现为大分子的聚合度与链自由基的结构单元数相同。每个大分子只有一端为引发剂残基，另一端为饱和或不饱和基团，两者各占一半。

除双基终止外，在引发剂浓度很高时，引发剂分解产生的初级自由基可与链自由基进行终止反应。链终止方式与单体种类、聚合温度有关。

4. 链转移

链自由基除了进行链增长反应外，还可与单体、引发剂、溶剂、大分子或特殊的链转移剂发生链转移反应，在其本身失去活性生成高分子链的同时，生成一个新的自由基，如果新的自由基具有足够活性的话，可再引发聚合反应。链转移反应不仅影响聚合物的分子量，而且往往会形成支链分子。

整个聚合过程在微观上可明显分为链引发、链增长、链终止等三个基元反应，同时还伴随有链转移反应发生。其中链引发活化能高，引发速率最小，是控制总聚合速率的关键。聚合特点可概括为慢引发、快增长、速终止。

链增长速度极快，单体自由基一经形成，几乎瞬间形成大分子链，不能停留在中间阶段，因此，体系仅有单体和聚合物，聚合过程中，聚合度变化很小，如图 1-10 所示。

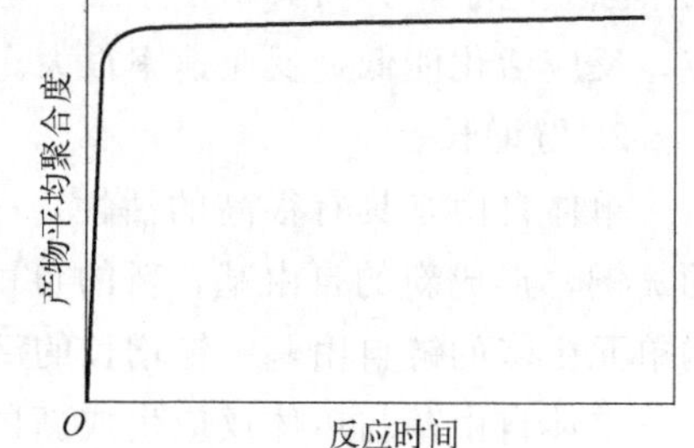

图 1-10　产物平均聚合度随反应时间变化关系

活动 1：制定采用间歇式悬浮聚合工艺生产 PMMA 的实施方案

M1-4　PMMA 聚合工艺

通过由 MMA 聚合生产 PMMA 原理的学习，结合网络上 PMMA 聚合信息和图 1-11 所示的 PMMA 生产工艺流程图，以小组为单位，讨论在工业上采用间歇式悬浮聚合工艺生产 PMMA 的实施方案。

实施方案参考

采用间歇式悬浮聚合工艺，由 MMA 生产 PMMA 的流程共需经过六个工段：原料碱洗、原料水洗、减压蒸馏、聚合、产品水洗和产品精制。

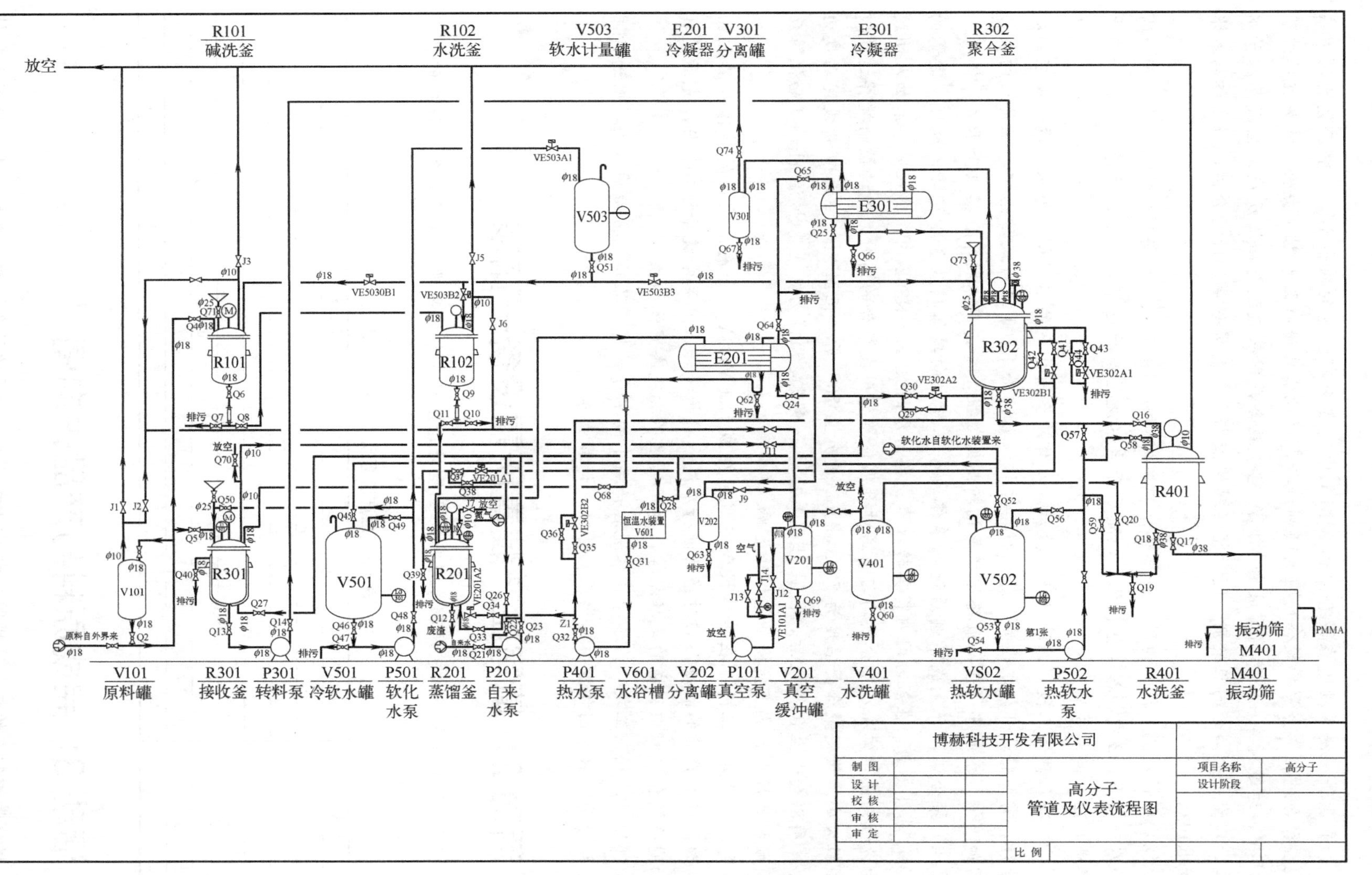

图 1-11　PMMA 生产工艺流程

（1）原料碱洗工段　在聚合单体 MMA 中通常含有少量的阻聚剂——甲基氢醌，甲基氢醌在聚合过程中会影响聚合反应的顺利进行，因此需要进行阻聚剂的去除。首先在碱洗釜 R101 中，通过搅拌，使稀碱溶液和 MMA 充分混合，甲基氢醌与碱液反应，生成易溶于水的盐，以除去大部分的阻聚剂。随后将稀碱溶液与单体静置分层后进行分离，将单体转入水洗釜 R102。

（2）原料水洗工段　为了除去单体中残留的部分稀碱溶液，需要将单体进一步水洗。首先向水洗釜 R102 中加入适量软化水，随后开启水洗釜搅拌电机，15min 后停止搅拌，静置分层进行油水两相分离。

（3）减压蒸馏工段　经过水洗工段后，单体中会有少量的水残留。为保证聚合反应的顺利进行，需要将这部分水彻底去除。将单体转入蒸馏釜 R201 进行减压蒸馏，在负压的条件下增加单体与水的沸点差，最终达到蒸馏精制的效果，并将单体收集在接收釜 R301 中。

（4）聚合工段　完成精制后进入单体聚合工段。向单体接收釜 R301 中加入一定量的 BPO 作为引发剂，在短时间内将其转入事先备好水的聚合釜 R302 内，转入完毕后加入明胶作为分散剂使单体在水中分散均匀。通过升温使单体引发聚合的同时，通过控制搅拌速度控制颗粒大小。设定聚合釜温度为 70℃，当温度升至 70℃后，恒温 2h。然后重新设定温度为 80℃，待温度升至 80℃之后，恒温 2h。最后进一步设定温度为 85℃，恒温 1h，从而保障反应的顺利进行，并尽可能提高单体转化率。

（5）产品水洗工段　在单体聚合完成后生成的 PMMA 中含有未反应的单体及其他杂质。为了提高产品的品质，需对产品进行水洗。将物料转入产品水洗釜 R401 内，先通过真空抽滤将聚合过程中存在的热水抽掉，再用热水多次洗涤固体颗粒。

（6）产品精制工段　为了除去水洗后产品中的水分，将产品转入振动筛 M401 内进行固液振动分离，收集固体颗粒，烘干、称重，计算收率。

活动 2：填写生产装置所需设备一览表

完成 PMMA 聚合工艺流程学习后，小组讨论生产工艺需要哪些设备，各种设备的作用是什么，完成表 1-8。

表 1-8　生产装置所需设备一览表

序号	设备名称	设备主要作用
1		
2		
3		
4		
5		
6		
7		

活动 3：完成原料与产品去向图

根据带控制点的工艺流程图在方框内填写六个工段的设备名称，在横线上方填写主物料名称，完成原料及产品去向图的填写（图1-12）。

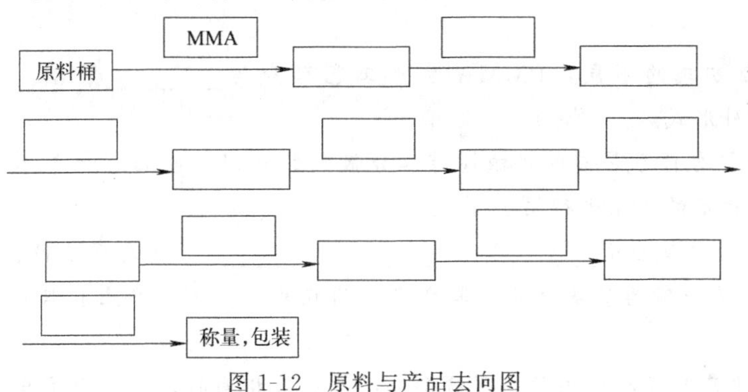

图1-12 原料与产品去向图

活动4：描述工艺流程

根据工艺流程图在PMMA实训生产装置中识别出主要设备，分小组对照实训装置描述工艺流程（表述清楚设备名称、位置及作用，管路内物料及流向，设备内物料变化、仪表阀门作用等）。在教师指导下根据表1-9进行评分。

表1-9 工艺流程描述评分标准

序号	考核要点	配分	评分标准	扣分	得分
1	设备位置对应清楚	20	出现一次错误扣2分		
2	物料管路对应清晰	20	出现一次错误扣2分		
3	仪表类型和作用表述正确	10	出现一次错误扣2分		
4	阀门位置和作用表述正确	10	出现一次错误扣2分		
5	设备内物料变化描述正确	10	出现一次错误扣2分		
6	物料流动方向描述正确	20	出现一次错误扣2分		
7	其它	10	语言流畅,描述清晰,酌情给分		
合计		100			

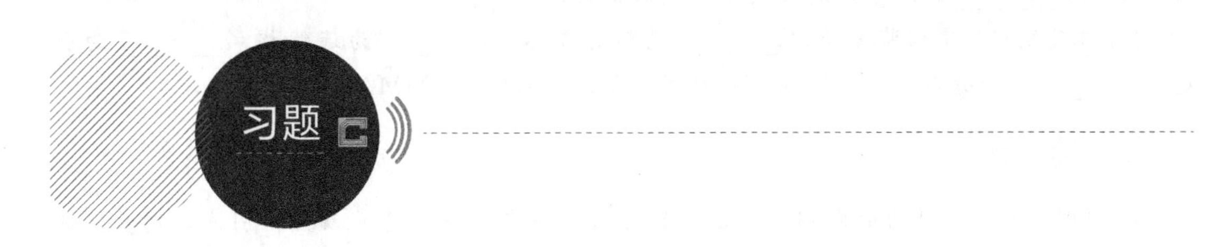

一、填空题

1. 分子按照分子量的大小可分为________、________和超高分子量聚合物等。

2. 能与同种或异种分子聚合的小分子统称为________，是合成聚合物所用的低分子原料。

3. 由一种单体聚合而成的聚合物称为________，由两种或以上单体聚合而成的聚合物称作________。

4. 常用的引发剂有________和________。由于受热在弱键处均裂而生成初级自由基的化合物为________，常用的有偶氮化合物、过氧化合物。

5. 偶氮二异丁腈分解反应几乎均为________级反应，只形成一种自由基，无其他副反应。

6. 根据聚合方式的不同，PMMA 生产工艺可分为________聚合、________聚合和________聚合三种形式。

7. ________聚合体系是借助机械搅拌和分散剂的作用，使油溶性单体以液滴状悬浮在水介质中，形成稳定的体系进行聚合。

8. 自由基聚合总反应由________、________、________等基元反应串、并联而成。

9. 链终止反应一般为双基终止，其又可分为双基________终止和双基________终止两种方式。

10. 活性自由基有互相作用的强烈倾向，两自由基相遇时，头部独立电子配对成共价键形成饱和大分子而终止叫________终止。

11. 两个活性高分子自由基相遇时，其中一个自由基夺取另一个自由基上的氢原子而饱和，另一个自由基失去一个氢原子而带有不饱和的基团，这种终止方式就称为________终止。

12. 由 MMA 经间歇式悬浮聚合生产 PMMA 工艺流程共需经过________、________、________、________、________和________六个工序。

13. ________聚合体系是在不加任何溶剂以及其他分散剂的条件下，仅是 MMA 单体在引发剂、热、光或辐射源作用下引发的聚合反应。

14. ________是产生自由基聚合反应活性中心的物质。

15. ________的反应活性比单体高，极易与自由基发生转移反应，而生成新的稳定自由基，不能再引发单体反应，只能与其它活性自由基进行终止反应。

16. 为了避免烯类单体在贮藏、运输等过程中发生聚合，单体中往往加入少量________，在使用前再将它除去。

17. 在悬浮聚合中，为了防止因相互黏结而引起的凝聚结块，使单体液滴分散得更均匀，需加入________，在单体液滴表面形成保护膜。

18. 本 PMMA 实训装置是以________为聚合单体，________为连续相，________为引发剂，________为分散剂，通过间歇式悬浮聚合工艺来生产 PMMA。

二、简答题

1. 以偶氮二异丁腈为引发剂，写出氯乙烯自由基聚合中各基元反应：引发，增长，偶合终止，歧化终止。

2. 聚合阶段反应温度为什么需要控制在 70～85℃？

3. 总结间歇本体聚合、溶液聚合和悬浮聚合的特点并完成下表。

项目	间歇本体聚合	溶液聚合	悬浮聚合
体系组成			
聚合场所			
生产特征			
产物特点			

任务三 掌握 PMMA 生产控制系统

任务描述

随着生产控制系统的引入，PMMA生产工艺自动化程度不断提升，对装置安全生产、技术优化和降低操作人员劳动负荷起到有效助推作用。正确规范使用生产控制系统是发挥其作用的根本保障，因此要求掌握针对PMMA生产控制系统的功能和使用方法。

任务目标

知识目标

① 掌握PMMA生产控制系统的构成；
② 掌握PMMA生产控制系统各部分的功能。

技能目标

① 具备规范使用半实物仿真系统的能力；
② 具备规范使用WinCC控制系统的能力。

素质目标

① 具备专业规范表达的能力；
② 养成严谨细致、规范操作的职业习惯；
③ 具备团队沟通交流及合作能力。

PMMA实训生产装置的控制系统主要由半实物仿真系统和WinCC控制系统组成。两个系统分别安装在两台电脑上，其中安装有半实物仿真系统的电脑称为系统机，主要进行数据后台处理。另一台安装WinCC控制系统的电脑称为上位机，主要进行工艺参数控制。

一、控制系统开启和关闭的方法

1. 开启电气控制柜

开启电气控制柜前，确保开关均处于关闭状态（即指示灯处于熄灭状态），通过顺时针转动钥匙开关，打开电气控制柜总电源，指示灯变绿，如图1-13所示。

图1-13　电气控制柜正常运行状态

2. 开启系统机和上位机

控制柜总电源上电后，这时PLC硬件控制器开始工作。同时按上位机和系统机电脑的启动按钮，电脑将进入正常工作模式。

3. 半实物仿真系统登录方法

① 在系统机桌面，用鼠标左键双击DCS集散控制系统半实物仿真登录图标（图1-14）。

② 在打开的半实物仿真系统登录界面中可选择所要练习的任务名称（图1-15），练习项目涵盖装置的开车和常见异常处理、事故处置三大部分。

③ 在半实物仿真系统登录界面选定目标任务后，点击登录按钮，进入高分子实训装置仿真系统现场图，不同工段的现场界面可通过单击状态栏下方各工段名称进行切换（图1-16）。

4. WinCC控制系统登录方法

① 在上位机开机桌面中用鼠标双击WinCC控制系统登录图标（图1-17）。

图 1-14　DCS 集散控制系统半实物仿真登录图标

图 1-15　半实物仿真系统登录界面

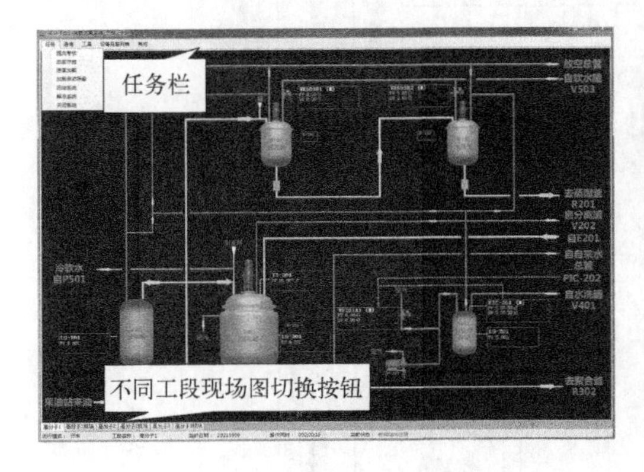

图 1-16　半实物仿真系统现场图

图 1-17　WinCC 控制系统登录图标

② 在打开的 WinCC 控制系统登录界面中点击“进入系统”（图 1-18）。

图 1-18　WinCC 控制系统登录界面

③ 进入 WinCC 控制系统，弹出“东营职业学院 PMMA 控制系统”界面，如图 1-19 所示。可在该界面完成半实物仿真系统登录时选择的任务。

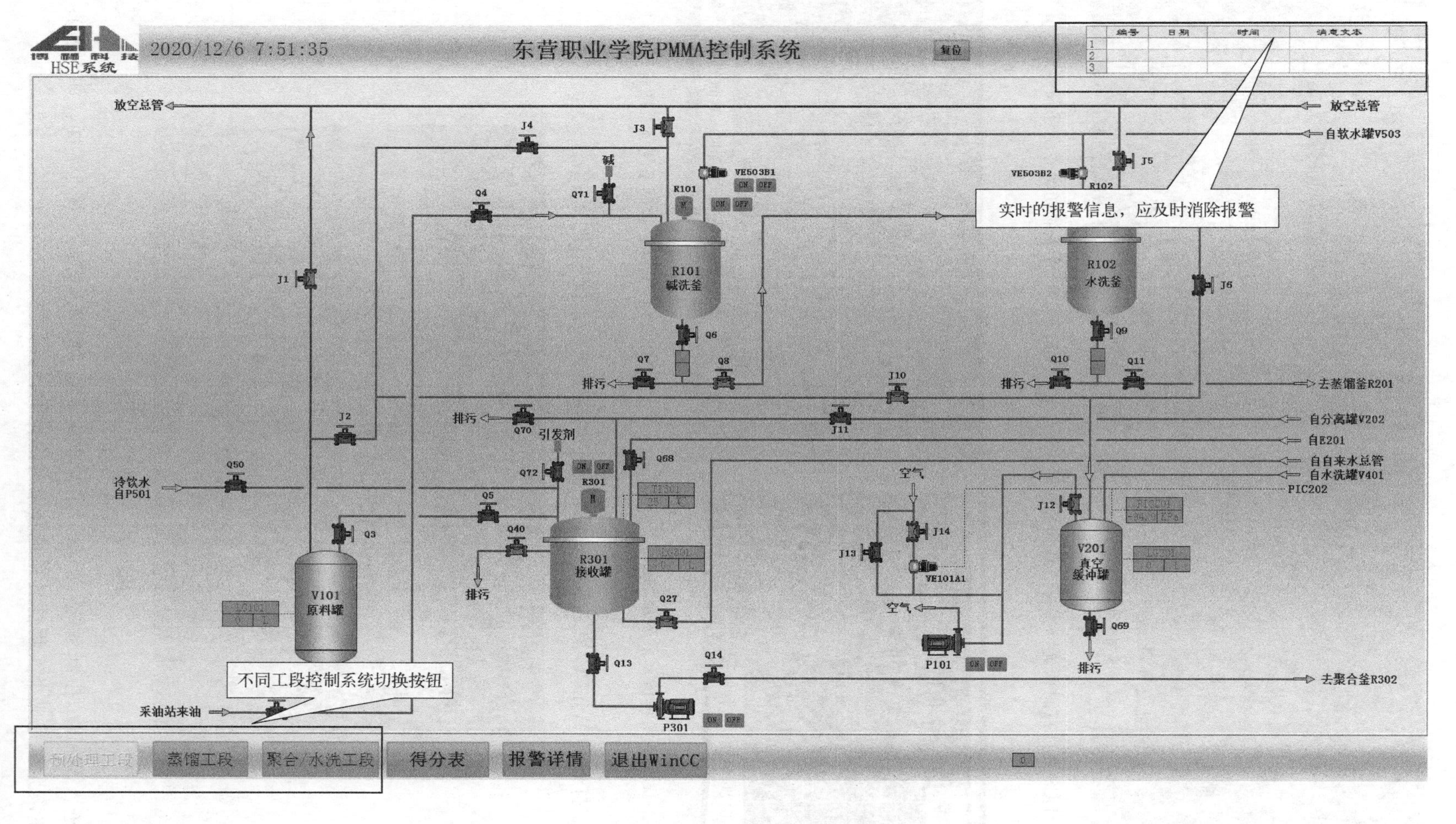

图 1-19　WinCC 控制系统界面

5. 半实物仿真系统关闭方法

点击高分子实训装置仿真系统任务栏中“任务”选项中的“关闭系统”选项可退出半实物仿真系统（图 1-20）。

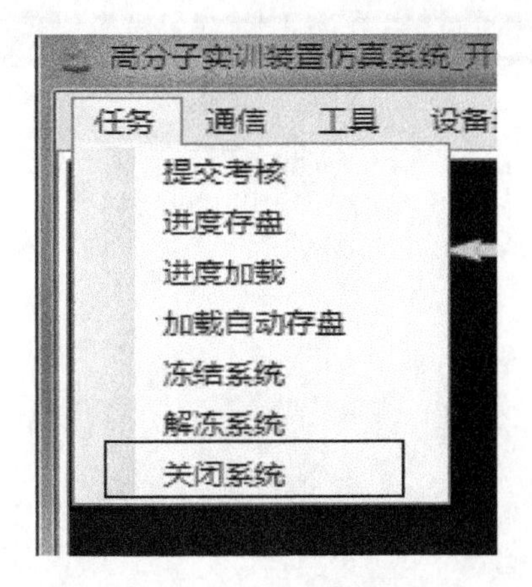

图 1-20　任务下拉菜单

6. WinCC 控制系统关闭方法

点击 WinCC 控制系统状态栏中“退出 WinCC”按钮，关闭 WinCC 控制系统。

二、半实物仿真系统功能介绍

扫一扫

M1-5　DCS 仿真系统功能

1. 任务-提交考核

在操作任务全部完成后，点击工具栏中“任务”菜单下的“提交考核”，系统操作结束，弹出“高分子实训装置仿真系统-开车”对话框，点击“确认交卷”（图 1-21）后显示操作评分。

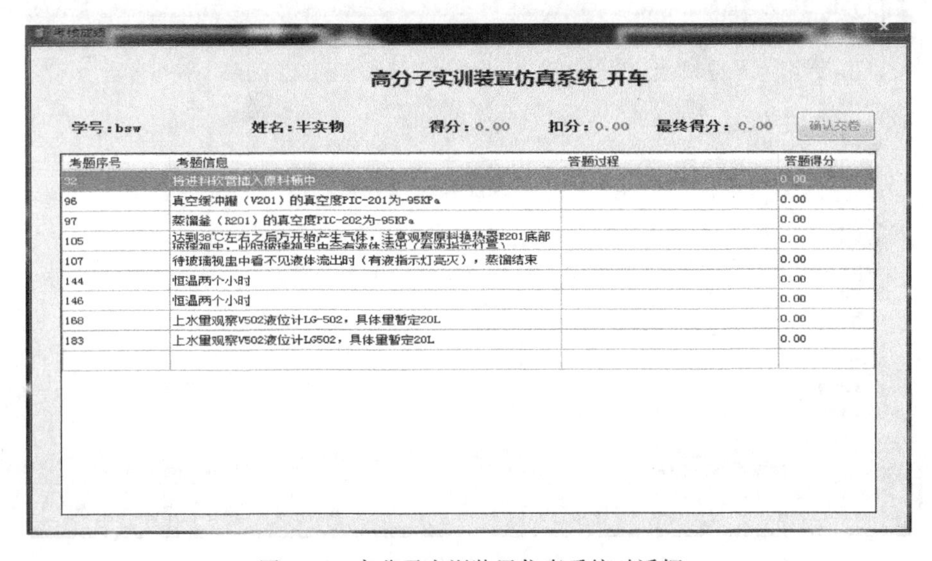

图 1-21　高分子实训装置仿真系统对话框

2. 任务-进度存盘

当操作任务未完成，需要保存操作进度以方便下次调用继续操作时，点击工具栏中“任务”菜单下的“进度存盘”，在弹出的“DCS 工作进度文件保存对话框”窗口中记录文件名，选择保存地点后点击“保存”（图 1-22）。

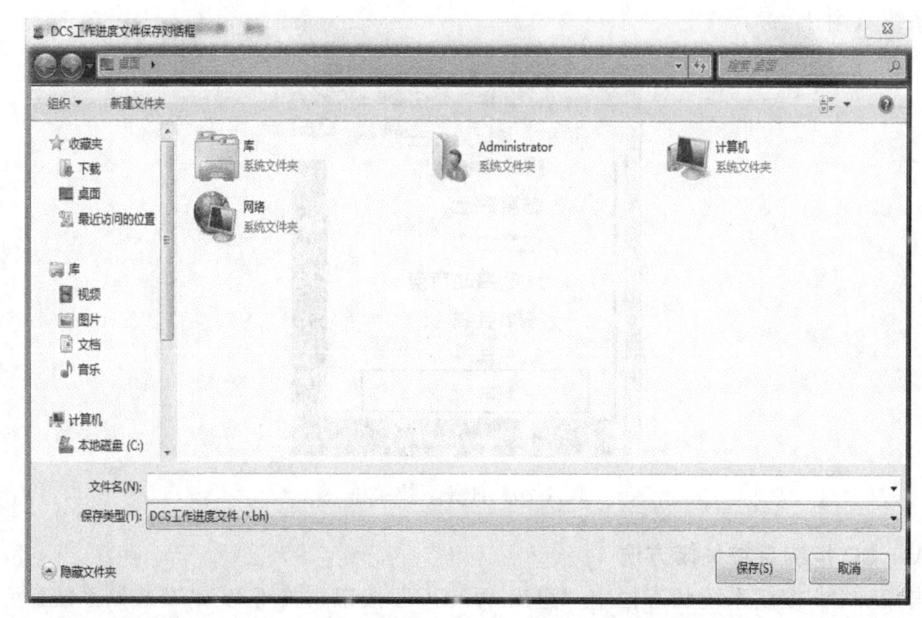

图 1-22　DCS 工作进度文件保存对话框

3. 任务-进度加载

当需要从保存的进度开始操作时，点击工具栏中“任务”菜单下的“进度加载”，在弹出的“选择 DCS 工作进度文件对话框”窗口中找到保存进度的文件点击“打开”（图 1-23），即调取未完成的操作继续完成任务。

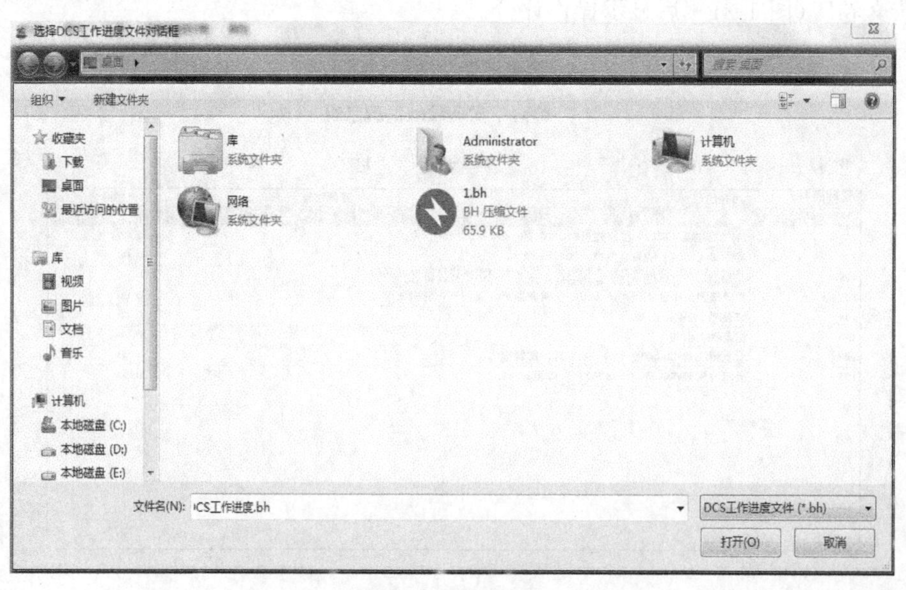

图 1-23　选择 DCS 工作进度文件对话框

4. 任务-加载自动存盘

点击工具栏中“任务”菜单下的“加载自动存盘”，可以读取系统最近自动存储的数据，以防止断电等外界突发事故对操作造成影响。

5. 任务-冻结/解冻系统

当需要暂停操作进度时，点击工具栏中“任务”菜单下的“冻结系统”，系统即被冻结，保持当前操作状态。当系统冻结后要继续进行操作时，点击工具栏中“任务”菜单下的“解冻系统”键，系统即被解冻，可以继续进行操作。

6. 任务-关闭系统

无数据保存点击“关闭系统”，退出半实物仿真系统。

7. 通信-半实物模型通讯

点击“通信”菜单下的“半实物模型通讯”选项（图1-24），可通过DCS软件对对应的VRS仿真进行操作。当此功能被选中时，DCS中的手动阀门不可操作。

8. 工具-智能考评系统

点击“工具”菜单中的“智能考评系统”（图1-25），弹出“智能考评系统”对话框，可提示当前操作任务的操作信息（图1-26）。

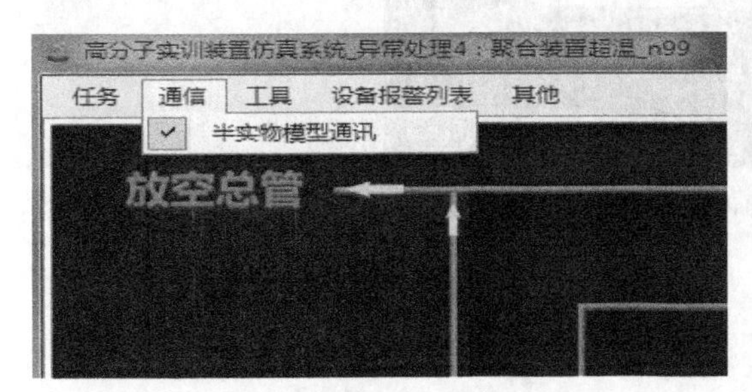

图1-24 “通信”下拉菜单

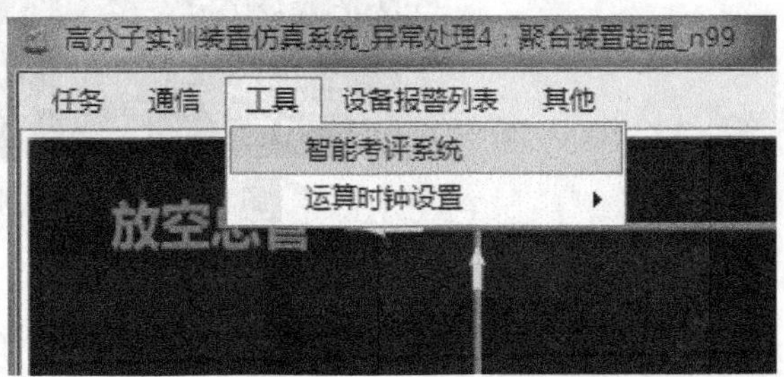

图1-25 “工具”下拉菜单

智能考评系统

开车
产品精制工段
产品水洗工段
碱洗工序
聚合工段
开车前准备
停工
原料水洗工段
蒸馏工序

步骤	操作	分值	完成否
1	单体接收釜循环冷水进水阀Q27开启	10	
2	单体接收釜循环冷水出水阀Q40开启	10	
3	换热器E201循环冷水进水阀Q24开启	10	
4	换热器E201循环冷水出水阀Q64开启	10	
5	换热器E301循环冷水进水阀Q25开启	10	
6	换热器E301循环冷水出水阀Q65开启	10	
7	电动调节阀VE101A1的前后手阀J14开启	10	
8	电磁阀VE201A1的前后手阀Q37开启	10	
9	电磁阀VE201A2的前后手阀Q34开启	10	
10	电磁阀VE302A1的前后手阀Q43开启	10	
11	电磁阀VE302A2的前后手阀Q30开启	10	
12	电磁阀VE302B1的前后手阀Q35开启	10	
13	电磁阀VE302B2的前后手阀Q41开启	10	
14	打开Q45，V501充入软化水	10	
15	待LG-501液位达到80L，关闭Q45	10	
16	打开Q52，V502充入软化水	10	
17	待LG-502液位达到80L，关闭Q52	10	
18	开启自来水泵P-201	10	
19	打开自来水泵P-201出口阀Q23	10	
20	打开恒温水浴槽（V601）进水阀Q28，给恒温水浴槽上满水	10	
21	关闭恒温水浴槽（V601）进水阀Q28	10	
22	打开自来水进R201夹套手阀Q26	10	
23	打开R201夹套水进水调节阀VE201A2	10	

统计信息
本题类型：操作题　最小限度值：10.00
本题得分：0.00　最大限度值：100.00
本题状态：可做　得分关联变量：Q27
合计得分　0.00
操作　交卷　关闭

图1-26 “智能考评系统”对话框

“智能考评系统”界面左侧树形列表为当前运行模式及工段；下方“统计信息”左侧显示当前操作题目类型、过程性得分及操作状态。“最小限度值”和“最大限度值”显示为当前操作步骤中阀门的正确取值范围等。

操作步骤前方的小图标标识当前步骤操作状态，标识为绿色为当前可做步骤，标识为红色为当前不可做步骤，▤标识为质量指标监测步骤，表明该步骤答题条件对数值有要求，须提前监控相应参数的PV值。

当完成当前步骤并正确时，“完成否”列打对勾，错误时“完成否”列打叉。

9. 工具-运算时钟设置

点击“工具”菜单下的“运算时钟设置”，选择不同的倍速可调整系统运行速度（图1-27）。当选择50%时，参数变化放缓从而避免由于操作不熟练错过最佳调整工艺参数时机。当选择200%或500%时，参数变化速度提升，可减少不必要的等待时间。

图1-27 “运算时钟设置”下拉菜单

10. 设备报警列表

点击“设备报警列表”选项（图1-28），将显示当前监控设备的报警状态（图1-29）。

图1-28 设备报警列表

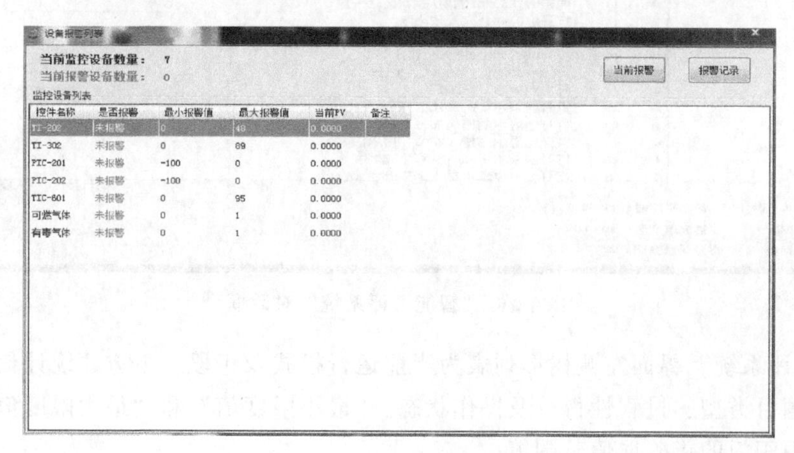

控件名称	是否报警	最小报警值	最大报警值	当前PV	备注
TI-202	未报警	0	48	0.0000	
TI-302	未报警	0	69	0.0000	
PIC-201	未报警	-100	0	0.0000	
PIC-202	未报警	-100	0	0.0000	
TIC-601	未报警	0	95	0.0000	
可燃气体	未报警	0	1	0.0000	
有毒气体	未报警	0	1	0.0000	

图1-29 监控设备对话框

11. 其他-设备数据监控

点击"其他"功能菜单下的"设备数据监控"（图 1-30），可对系统中各变量的数据进行实时监控，便于对比分析管理（图 1-31）。

图 1-30 "其他"下拉菜单

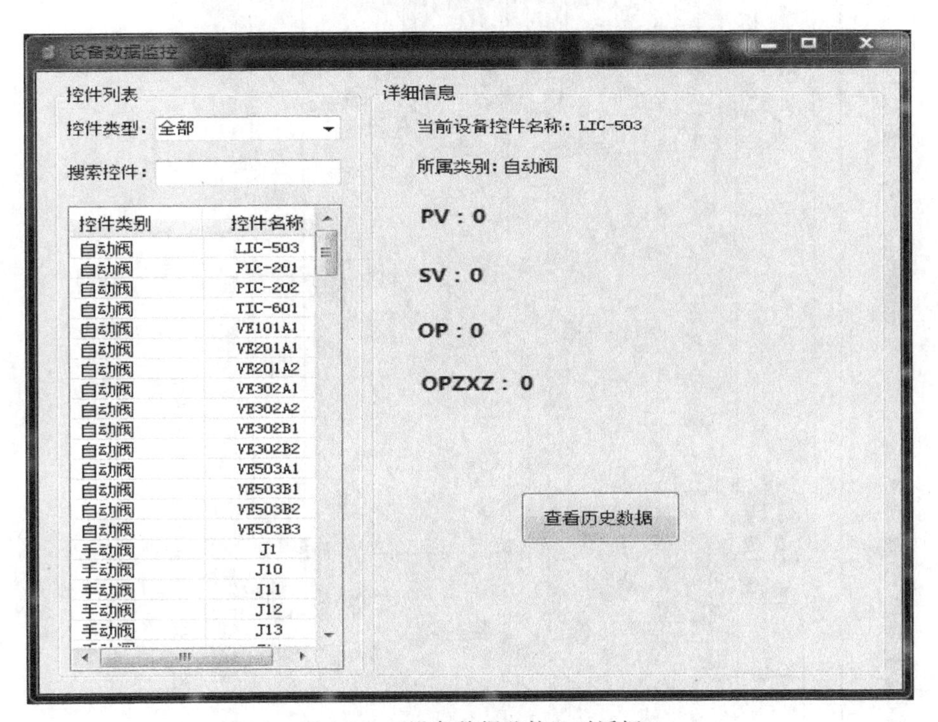

图 1-31 "设备数据监控"对话框

三、 WinCC 控制系统功能介绍

1. 控制区功能介绍

界面中央部分为各工段控制系统，控制界面的右上角是实时报警信息，如在现场发生异常，该报警系统会及时逐一显示。左下角任务栏共分为四个功能区：不同工段控制系统切换键、得分表、报警详情和退出 WinCC（图 1-32）。

通过不同工段控制系统切换键可实现 PMMA 生产的三个部分即预处理工段（包括原料碱洗和水洗工段）、蒸馏工段和聚合-水洗-精制工段控制系统的展示和操作。

WinCC 控制系统界面中央呈现生产工艺中涉及的物料走向、管路、阀门和设备，如反应釜、水洗釜、热软化水罐、分离罐、机泵等。此外，还有温度、液位的实时测量数据显示。

在机泵、电磁阀和带有搅拌电机的釜式设备旁边通常会有标识"ON"和"OFF"字样的方框，代表开关。当点击"ON"标识时，设备颜色变绿，表示已启动。完成运行后，需要点击"OFF"标识，设备变回原来颜色，表示已停止。

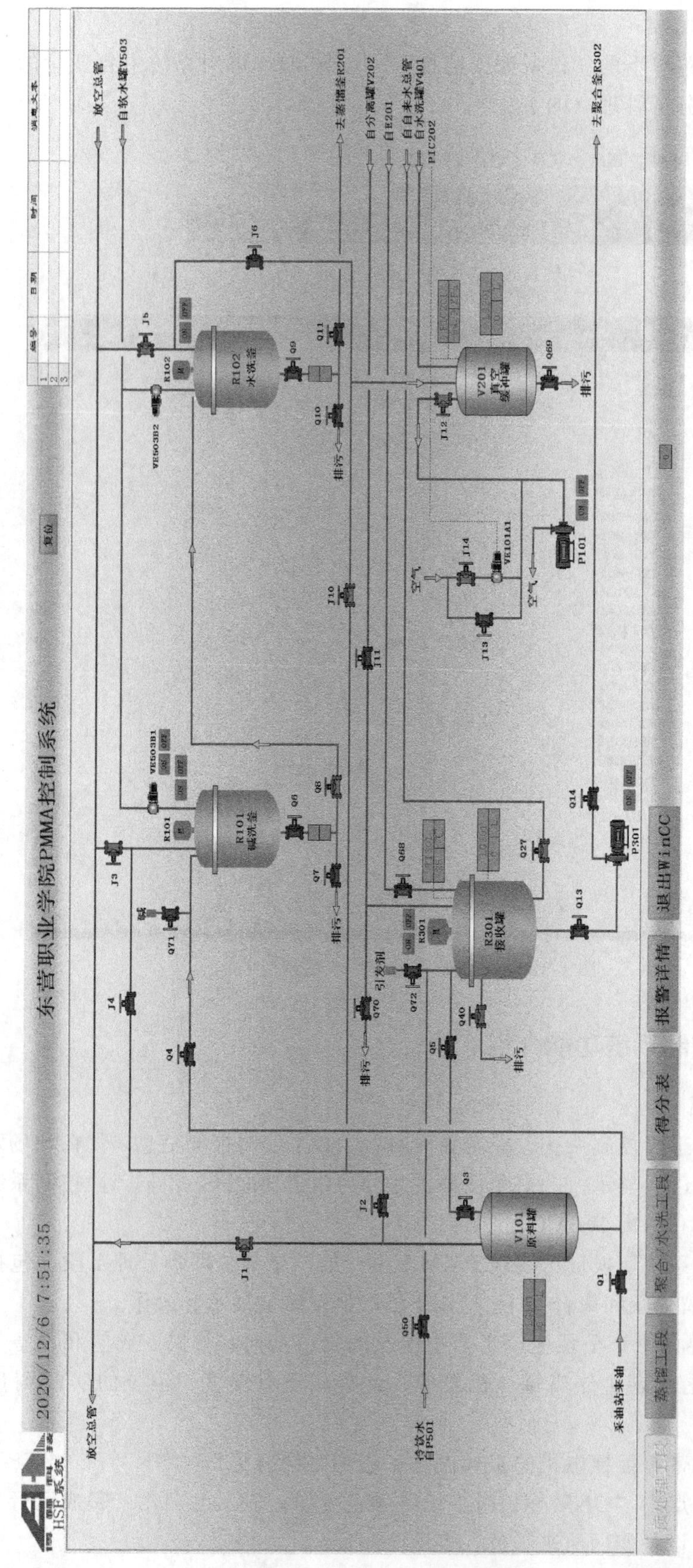

图 1-32 WinCC 控制系统界面

2. 得分表使用方法

① 得分表针对事故处置和异常处理进行分数展示。在完成事故处置和异常处理任务后，首先在半实物仿真系统“任务”菜单中点击“提交考核”。

② 在弹出的“考核成绩”对话框中点击“确认交卷”，如图 1-21 所示。

③ 其成绩可通过点击 WinCC 控制系统任务栏的“得分表”（图 1-33），在弹出的“得分表”对话框中输入密码，回车，点击练习项目名称进行查询。

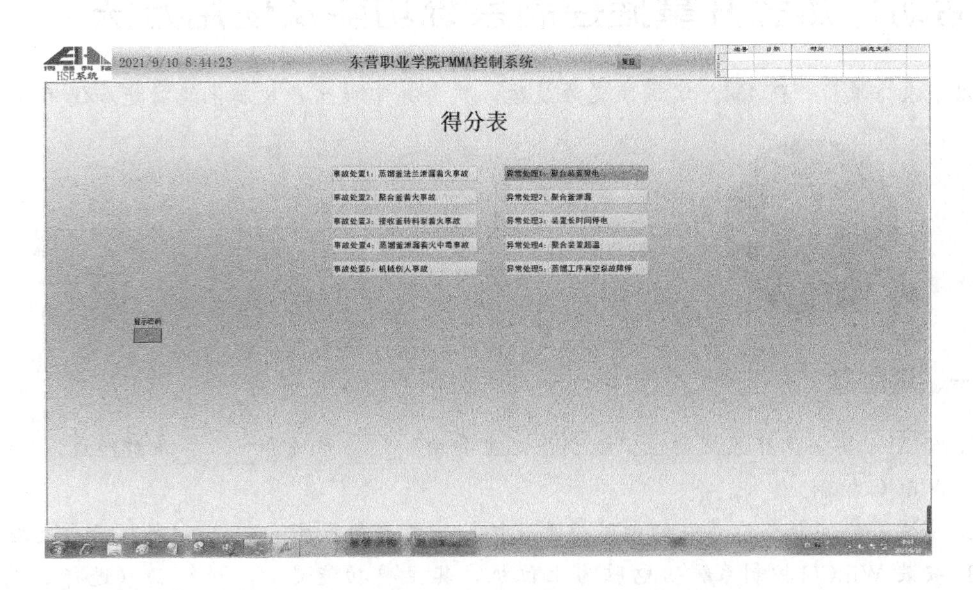

图 1-33　得分表界面

④ 可通过成绩查询界面（图 1-34）展示各操作的得分情况。

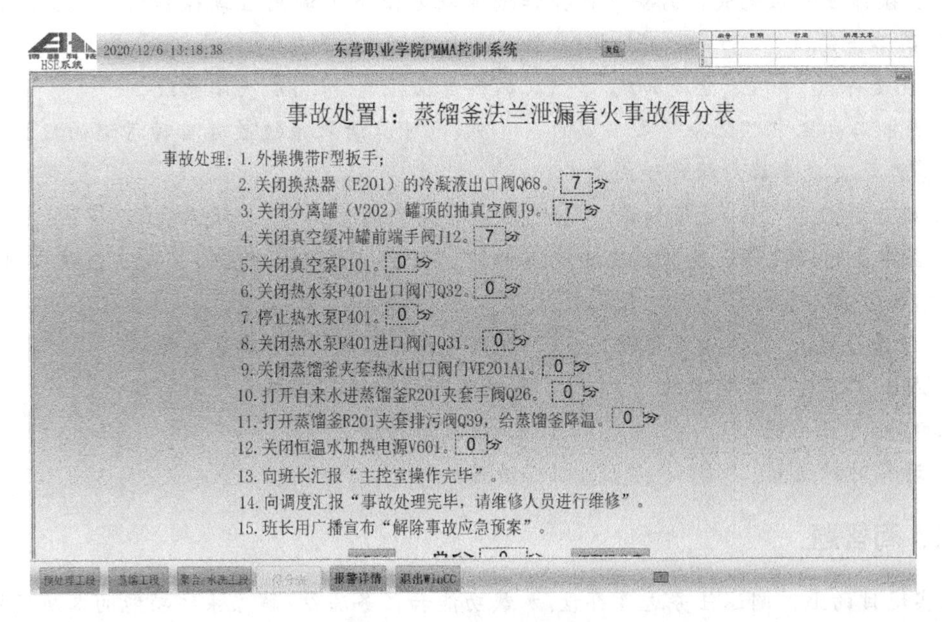

图 1-34　成绩查询界面

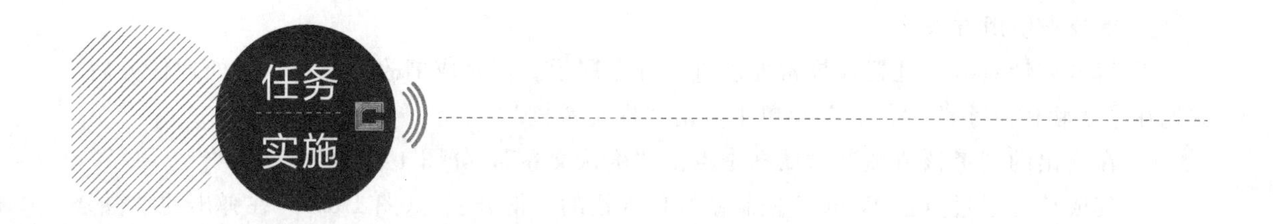

活动：熟悉并掌握控制系统功能及使用方法

以小组为单位，PMMA 实训装置为载体，熟悉并掌握生产控制系统功能和使用方法。

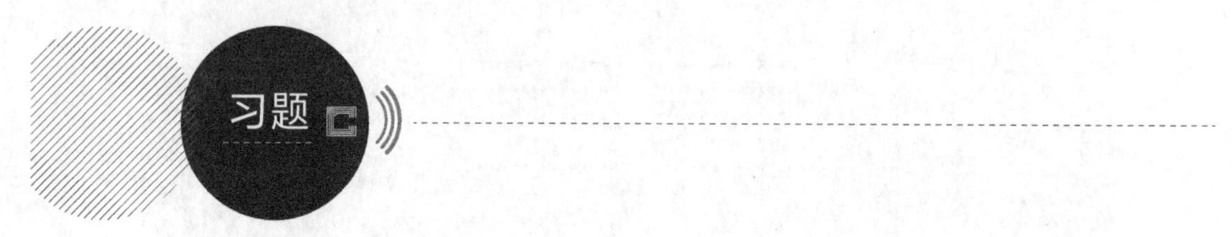

一、填空题

1. PMMA 实训生产装置的生产控制系统主要由______系统和______系统组成。（半实物仿真，WinCC 控制）

2. 安装有半实物仿真系统的电脑为系统机，其主要功能是______。（数据后台处理）

3. 安装 WinCC 控制系统的电脑为上位机，其主要功能是________。（进行工艺参数控制）

二、选择题

1. 当操作任务未完成，需要保存操作进度以方便下次调用继续操作时，点击工具栏中“任务”菜单下的（　　）。

A. 进度存盘　B. 进度加载　C. 加载自动存盘　D. 关闭系统

2. 点击工具栏中“任务”菜单下的（　　），可以读取系统最近自动存储的数据，以防止断电等外界突发事故对操作造成影响。

A. 进度存盘　B. 进度加载　C. 加载自动存盘　D. 关闭系统

3. 当需要暂停操作进度时，点击工具栏中“任务”菜单下的（　　），系统即被冻结，保持当前操作状态。

A. 进度存盘　B. 冻结系统　C. 加载自动存盘　D. 解冻系统

4. 点击“工具”菜单下的（　　），选择不同的倍速可调整系统运行速度。

A. 智能考评系统　B. 加载自动存盘

C. 运算时钟设置　D. 进度加载

三、简答题

从实现目的上，阐述任务进度存盘/加载功能和任务冻结/解冻系统功能的本质区别。

模块二

PMMA 生产装置操作

【情境描述】

因悬浮聚合技术难度低，便于掌握，PMMA 实训生产装置采用间歇式悬浮聚合工艺。生产的实施过程不消耗真实物料，而是完全采用电信号模拟物料状态（如压力、液位、温度、流量等）。本模块主要围绕 PMMA 装置运行前的准备、生产装置的运行和装置停车三部分操作内容进行讲解。在生产装置运行阶段，由于市场上销售的 MMA 原料中存在一定量的阻聚剂——甲基氢醌，因此在聚合前需要对原材料进行预处理来消除阻聚剂存在对聚合反应的影响。整个生产装置运行阶段主要包括 MMA 的碱洗、水洗、减压蒸馏、单体精制后的聚合、PMMA 产品的水洗和精制六个工段。

任务一 掌握 PMMA 装置运行前的准备内容

任务描述

前期在深入学习PMMA聚合理论和工艺流程的基础上，对PMMA的生产有了深层次的理论认识。为了保证PMMA生产的顺利进行，装置运行前要对公用工程、主要设备、仪表、管件和管路等进行检查，并准备好生产用水。如何实现全面检查以做好PMMA装置运行前的准备工作是本部分需要完成的任务。

任务目标

知识目标

① 掌握PMMA装置开车前检查内容；
② 熟悉进入实训装置需注意的安全事项。

技能目标

① 掌握各类劳动防护用品的正确使用方法；
② 能够完成开车前检查内容并做好记录；
③ 掌握生产用水的准备过程。

素质目标

① 具备专业规范表达的能力；
② 培养认真负责、严谨细致的职业素养；
③ 具备团队沟通交流及合作能力；
④ 培养安全生产的意识和责任感。

一、外操职责

(1) 外操的定义　外操的工作内容多样，但就其工作的对象来讲，外操是指在化工企业生产期间，直接接触化工设备，直接操作泵、反应器、精馏塔或高温高压的容器、管道等装置的操作工人。

(2) 外操职责的内容　外操职责主要包括以下内容：

① 严格遵守各项规章制度及生产中的安全技术操作规程，对本岗位安全生产负责。

M2-1　外操职责

② 坚决执行班长、内操正确的生产指令，并对班长、内操生产指令的完成情况向班长、内操汇报。熟悉操作工艺的控制系统和相应设备，保证各生产工段安全运行。

③ 上岗必须按要求着装，佩戴好劳动保护用品。

④ 配合建立巡检路线、划分危险区域和安装安全、环保警示标志，按规定进行巡回联检，并记录各工艺参数，认真观察设备运行情况，确保处于良好运行状态，如发现异常现象及时处理、汇报，并做记录。

⑤ 严格遵守交接班制度，按交接规定时间到岗，交班时要交清当班重要事情的处理经过，以及需要下一班继续处理的问题。

⑥ 发生火灾、停电、装置自保等紧急事故时，服从班长的指挥，采取相应的对策及应急措施，尽快恢复正常生产。

⑦ 坚持参加各种安全活动、岗位练兵和事故预想方案的演练，正确使用防护器材，确保遇到突发事件能正确处理。

⑧ 严禁违章操作，做到“三不伤害”，及时制止他人违章操作，防止事故发生。

⑨ 配合分析质量部进行化验分析采样，确保采样准确，调整到位。

⑩ 参与对工厂设备的维修保养工作，配合设备管理部门做好设备定期维护保养。

⑪ 搞好现场的环境卫生，严格执行设备、设施、物料的定置管理，保证工作场所的清洁、整齐和有序。

二、内操职责

(1) 内操的定义　在化工生产过程中，我们会遇到这样一类人，他们在中控室通过对本岗位 DCS 系统的操作，实现对工艺参数的控制，从而保障化工装置安全运行，同时实现中间品或最终产品品质和产量的最优，这类人在化工行业中称为内操。

(2) 内操职责的内容　内操职责主要包括以下内容：

① 严格遵守各项规章制度及生产中的安全技术操作规程，对本岗位安全生产负责。

② 熟练操作中控室的控制系统和相应设备，保证各生产单元安全运行。

③ 严格按工艺卡片和操作规程进行操作，熟练操作中控室的 DCS 系统，保证各生产单元的正常进行，圆满完成本岗位的生产任务。

M2-2 内操职责

④ 认真填写原始记录、台账和报表，记录各单元的相关数据，确保数据准确无误。

⑤ 坚决执行班长正确的生产命令，班长不在时行使班长职责。对外操发出明确的生产指令，并对外操工作的完成情况进行监督检查。

⑥ 严格遵守交接班制度，按交接规定时间到岗，交班时要交清当班重要事情的处理经过，不经接班者同意不准擅自离岗。

⑦ 发生火灾、停电、装置自保等紧急事故，服从班长、副班长的指挥，采取相应的对策及应急措施，尽快恢复正常生产。

⑧ 坚持参加各种安全活动、岗位练兵和事故预想方案的演练，正确使用防护器材，确保遇到突发事件时能正确处理。

⑨ 严禁出现违章操作的现象，杜绝违章指挥的指令，及时制止他人的违章操作，防止事故的发生。

三、正确佩戴劳动防护用品

PMMA 生产实训装置工段较多，工艺复杂，设备种类多样，因此相关人员进入实训场所须按要求规范穿戴劳动保护用品，常用劳动保护用品如图 2-1 所示。

M2-3 正确佩戴实训操作防护用具

进入装置时，要先进行人体静电消除。首先将手裸露放在黑色触摸处，当发出响声后表示静电消除完成，然后将手移开即可，具体操作如图 2-2 所示。严禁带手机、火种进入实训装置现场，注意防高空坠物、坠落，防滑倒，工作过程中切忌互相打闹、倚靠护栏及设备。

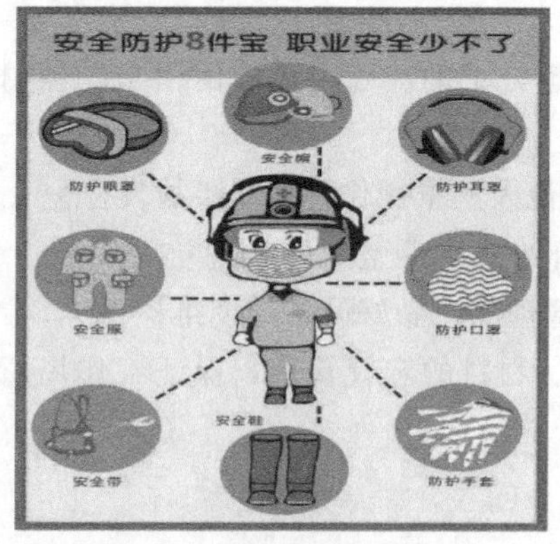

图 2-1 常用劳动保护用品

图 2-2 人体静电消除操作

四、公用工程的检查

M2-4 公用工程的检查

1. 供电检查内容

① 检查外部供电系统是否正常。

② 开启电气控制柜，检查电气控制柜供电是否正常。

③ 打开控制电脑和主机箱，检查电脑是否供电正常。

④ 查看现场仪表、阀门是否上电。

2. 用水检查内容

① 检查开车用水管线是否畅通；

② 检查实训装置用水是否已引至装置外围。

五、设备和仪表的检查

M2-5 设备和仪表的检查

1. 机泵检查内容

① 检查机泵本体及附属设备是否存在泄漏；

② 检查防护罩连接螺栓是否可靠；

③ 检查油杯是否发生泄漏，补油是否通畅等；

④ 检查传动箱的润滑油油位，如果油量不足，加至油窗上指示刻度；

⑤ 检查地脚螺栓是否紧固可靠；

⑥ 检查电器接线是否符合电器安全技术要求，是否有接地线并完好；

⑦ 运行泵和备用泵做到整洁、轴见光、设备见本色。

2. 换热器检查内容

① 检查受压元件（如封头、筒体、设备法兰、管板、换热管等）有无异常情况；

② 检查设备附件（温度表、压力表等）是否完好，是否在有效检验期内；

③ 检查阀门开启是否灵活，阀门开闭的位置是否正确。

3. 仪表检查内容

① 查看仪表指示、记录是否正常，现场一次仪表指示和控制室 DCS 系统操作画面指示值是否一致。

② 检查仪表保温、伴热状况。

③ 检查仪表本体和连接件有无损坏和腐蚀情况。

④ 检查仪表和工艺接口有无泄漏。

⑤ 检查压力、差压（流量和水位）等测量仪表的取样管线和阀门有无泄漏。

⑥ 检查仪表状况是否完好：零部件是否完整，是否符合技术要求；紧固件是否松动；插接件是否接触良好；端子接线是否牢靠；可调件是否处于可调位置；密封件是否泄漏。

六、管件和管路的检查

1. 阀门检查内容

① 检查阀门是否有损坏、缺件、腐蚀等现象；

② 检查各容器所属放空阀是否好用，有无卡涩现象；

③ 检查安装时具有方向性要求的阀门安装是否正确；

④ 检查管线上的阀门、盘根、大盖是否已经把紧；

⑤ 检查阀门规格、型号、材质是否符合工艺要求；

⑥ 检查阀门手动时，手柄或手轮操作应灵活轻便，不得有卡涩现象；

⑦ 按照设备开工前的工艺要求，确保现场所有阀门处于关闭状态。

2. 管路检查内容

① 检查施工是否满足工艺管线安装规范，管线走向、连接是否符合要求；

② 检查管线的法兰对正情况，确保垫片安放位置正确，无偏位、张口、松弛现象；

③ 检查法兰的螺栓、螺母的材质是否符合设计要求，螺栓安装是否正确，螺母对称是否把紧，螺栓是否满扣；

④ 管线之间，管线与设备之间要连接正确，连接处焊缝没有砂眼、脱焊、欠焊等缺陷存在；

⑤ 检查所有管线的支、吊架是否装好，固定支架是否牢固，活动支架要留有空隙；

⑥ 检查管线保温、防腐是否符合设计要求，质量是否合格。

七、重点设备介绍

在生产用水准备阶段涉及的主要设备有自来水泵 P201（图 2-3）。

离心泵的结构与工作原理：

离心泵的部件很多，其中叶轮、泵壳和轴封装置是三个主要功能部件。

图 2-3 生产用水准备阶段主要设备自来水泵 P201

离心泵（图 2-4）是利用叶轮旋转从而使水产生离心力来工作的。离心泵在启动前，必须使泵壳和吸水管内充满液体，这种操作称为灌泵。然后启动电机，使泵轴带动叶轮做高速旋转运动，液体在离心力的作用下，被甩向叶轮外缘进入蜗形泵壳并获得机械能，在壳内由于流道不断扩大，液体流速渐减而压强渐增，最终以较高的压强沿泵壳的切向流至出口管路。因此蜗壳不仅作为汇集和导出液体的通道，同时又是一个能量转换装置。离心泵叶轮中心处，由于液体在离心力的作用下被甩出后形成真空，池中的液体便在大气压力的作用下被压进泵壳内，叶轮通过不停地转动，使得液体在叶轮的作用下不断流入与流出，达到了输送液体的目的。

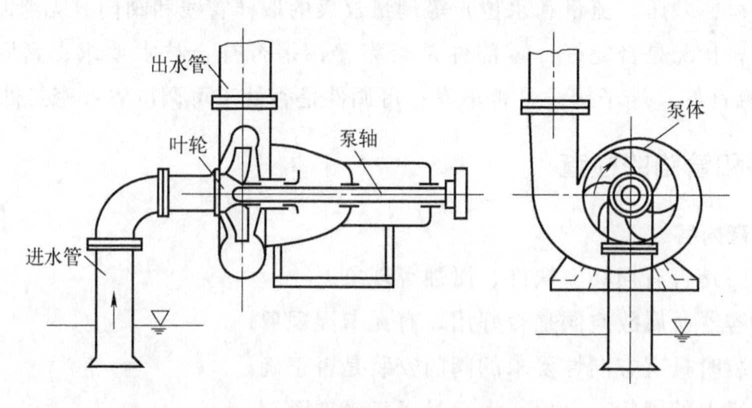

图 2-4 离心泵基本构造示意图

在离心泵启动前，如果吸入管路、叶轮和泵壳内没有完全充满液体而存在部分空气时，由于空气的密度远小于液体，叶轮旋转时对气体产生的离心力很小，气体又会产生体积变化，既不足以驱动前方的液体在蜗壳内流动，又不足以在叶轮中心处形成使液体吸入所必需的低压，于是，液体就不能正常地被吸入和排出，这种现象称为气缚。

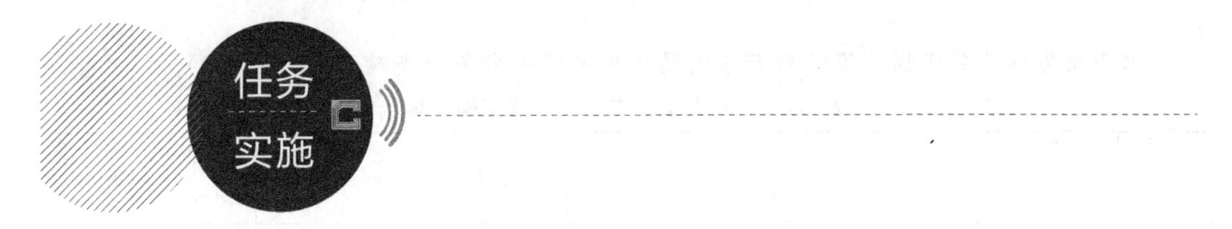

活动 1：进行安全教育和风险源辨识

请明确完成工作任务中可能存在的安全隐患和需采取必要的防护措施，签署该工作任务安全教育须知确认单，如图 2-5 所示。

安全教育须知确认单

- 牢固树立“安全第一”的思想，时刻维护自身和他人的人身和财物安全；
- 严禁带手机、火种进入生产实训车间；
- 明确生产实训装置存在的风险源；
- 注意防高空坠物、坠落，工作过程中切忌互相追逐打闹、倚靠护栏及设备；
- 工作过程中切忌随意拉、拽、掰仪表及气源管线、信号线；
- 携带必要的防护用品，规范劳保穿戴。

学生签名：

图 2-5 安全教育须知确认单

完成劳保用品规范佩戴，掌握安全须知要领后，还需要对生产区域潜在风险源进行把控。请填写生产区域危险因素分布一览表（表 2-1）。

表 2-1 生产区域危险因素分布一览表

区域名称	设备名称	危险因素
生产区	碱洗釜	火灾、爆炸、中毒、高处坠落
	单体水洗釜	
	蒸馏釜	
	接收釜	
	聚合釜	
	产品水洗釜	
	产品精制釜	
配电室	电网	
	变压器	
…	…	

活动 2：填写安全检查确认表

以小组为单位到实训装置进行开车前的检查并完成安全检查确认表（表 2-2）。

表 2-2 实训装置开车前安全检查确认表

序号	项目	检查人	是/否完好		签字确认	备注
			是	否		
1	所有作业人员已经过安全操作培训、被告知危害，并经考试合格，相关文件记录保存完好					
2	已确认“工完、料净、场地清”					
3	各种安全警示牌、设备位号、管道标识、仪表上下限、物料流向标识已安装到位					
4	管道、设备高温表面保温/防护壳完好					
5	操作规程、应急预案已审批					
6	职业健康防护设施设备喷淋、洗眼器等已安装就位并调试完成					
7	装置防雷、防静电设施、设备已安装并测试合格，记录保存完好					
8	装置工作环境有足够照明					
9	通信设施都已到位					
10	装置消防设施、设备已安装到位，并调试合格					
11	工艺联锁、仪表联锁已调试合格					
12	各类压力表、可燃气体报警仪、有毒有害气体检测仪等在线分析仪表已安装完成且灵敏准确，并经调试合格					
13	安全阀、止回阀、液封等安全设施设备安装到位，调试合格					
14	电气柜上锁，钥匙受控					
15	现场所有仪表已验收测试					
16	DCS 回路检查清单完成，功能测试完毕					
17	控制阀和调节阀等已正确安装并测试					
18	压力容器、压力管道、起重装置等特种设备检验合格，检验报告收集齐全					
19	所有机泵等转动设施、设备润滑到位					
20	应急备件准备就绪					
21	防止生产设备与公用工程连接处物料反向流动的措施已落实					
22	所有控制器、警报器及联锁装置的阀门、设备编号已更新且一致					
23	“废水、废气”排放渠道畅通，相应的处理设施设备完好，能及时投运					

续表

序号	项目	检查人	是/否完好		签字确认	备注
			是	否		
24	已编制并落实了开车方案					
25	公用工程准备齐全					
26	原料、辅料准备足量					
27	各备用机泵、设施设备完好					
审核						
审批						

活动 3：制定开车用水引入方案

以小组为单位，根据模块一任务二中 PMMA 生产工艺流程图 1-11 和开车引水流程图 2-6 讨论制定实训装置开车用水引入方案。

开工用水引入装置实施步骤如表 2-3 所示。

表 2-3　开车用水引入实施步骤

序号	操作步骤
1	单体接收釜 R301 循环冷水进水阀 Q27 开启
2	单体接收釜 R301 循环冷水出水阀 Q40 开启
3	换热器 E201 循环冷水进水阀 Q24 开启
4	换热器 E201 循环冷水出水阀 Q64 开启
5	换热器 E301 循环冷水进水阀 Q25 开启
6	换热器 E301 循环冷水出水阀 Q65 开启
7	电动调节阀 VE101A1 的手阀 J14 开启
8	电磁阀 VE201A1 的手阀 Q37 开启
9	电磁阀 VE201A2 的手阀 Q34 开启
10	电磁阀 VE302A1 的手阀 Q43 开启
11	电磁阀 VE302A2 的手阀 Q30 开启
12	电磁阀 VE302B2 的手阀 Q35 开启
13	电磁阀 VE302B1 的手阀 Q41 开启
14	打开 Q45，冷软水罐 V501 充入软化水
15	待 LG-501 液位达到 80L，关闭 Q45
16	打开 Q52，热软水罐 V502 充入软化水
17	待 LG-502 液位达到 80L，关闭 Q52
18	开启自来水泵 P201
19	打开自来水泵 P201 出口阀 Q23
20	打开恒温水浴槽 V601 进水阀 Q28，给恒温水浴槽上满水
21	关闭恒温水浴槽 V601 进水阀 Q28
22	打开自来水进蒸馏釜 R201 夹套手阀 Q26
23	打开蒸馏釜 R201 夹套水进水调节阀 VE201A2
24	打开蒸馏釜 R201 夹套水排污阀 Q39，将蒸馏釜 R201 的夹套充满水
25	关闭蒸馏釜 R201 夹套水排污阀 Q39
26	关闭蒸馏釜 R201 夹套水进水调节阀 VE201A2
27	关闭自来水进蒸馏釜 R201 夹套手阀 Q26
28	打开聚合釜 R302 进夹套水调节阀 VE302A2
29	打开聚合釜 R302 夹套水排污阀 VE302A1，给夹套充满水
30	关闭聚合釜 R302 夹套水排污阀 VE302A1
31	关闭聚合釜 R302 进夹套水调节阀 VE302A2

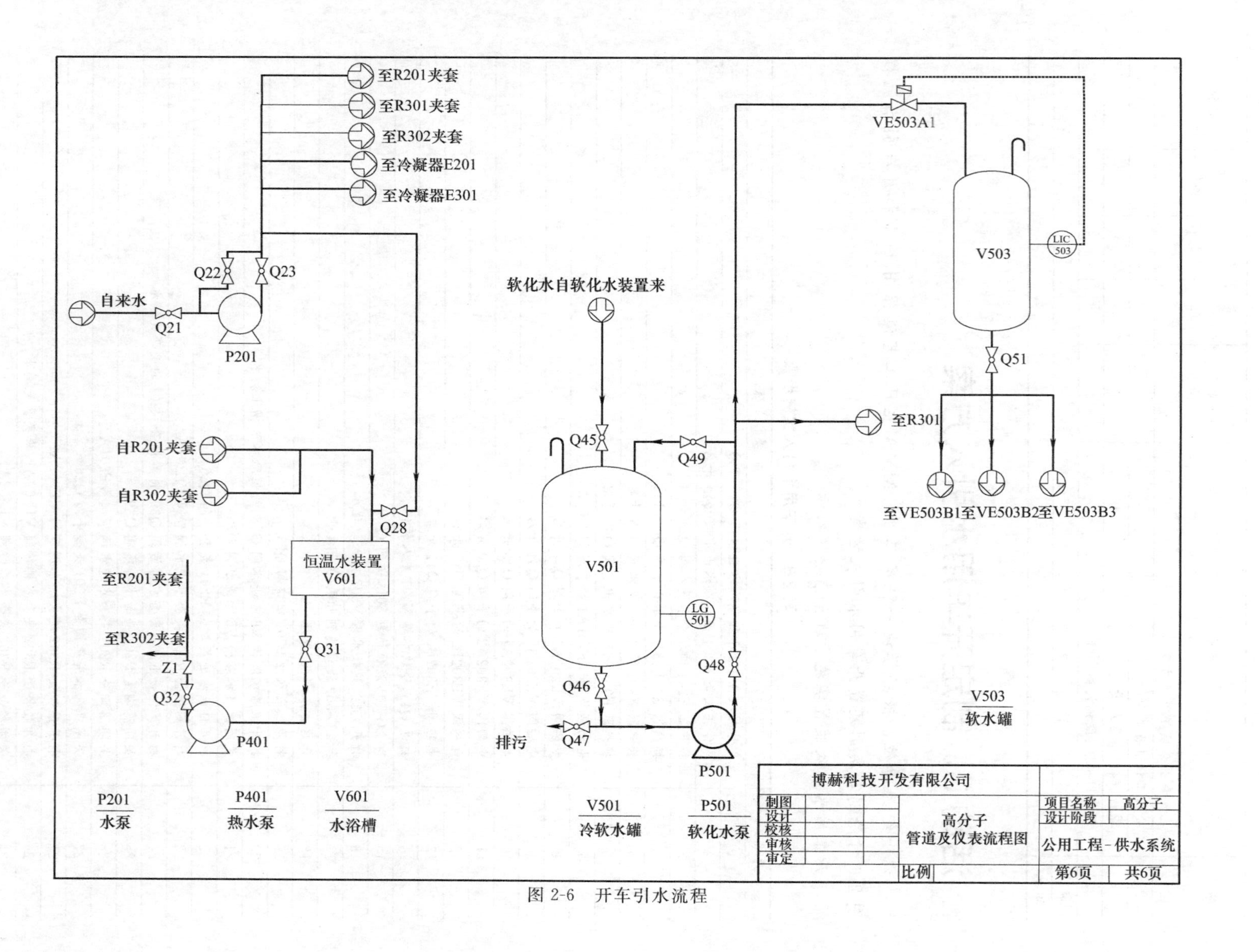
至R201夹套
至R301夹套
至R302夹套
至冷凝器E201
至冷凝器E301
Q22
Q23
自来水
Q21
P201
VE503A1
V503
LIC
503
Q51
软化水自软化水装置来
至R301
Q45
Q49
至VE503B1至VE503B2至VE503B3
自R201夹套
自R302夹套
Q28
恒温水装置
V601
V501
至R201夹套
LG
501
至R302夹套
Q31
Q48
Z1
Q46
Q32
V503
软水罐
P401
排污
Q47
P501
P201
水泵
P401
热水泵
V601
水浴槽
V501
冷软水罐
P501
软化水泵
博赫科技开发有限公司
制图
设计
校核
审核
审定
高分子
管道及仪表流程图
项目名称
高分子
设计阶段
公用工程-供水系统
比例
第6页
共6页
图 2-6　开车引水流程

操作完成后，装置开车用水已顺利引入实训装置，为后续装置生产奠定基础。

习题

一、填空题

1. 离心泵的部件很多，其中________、______和________是三个主要功能部件。
2. 离心泵在启动前，必须使泵壳和吸水管内充满水，这种操作称为____。

二、选择题

1. 离心泵的工作原理是利用叶轮高速运转产生的（　　）。
A. 向心力　　B. 重力　　C. 离心力　　D. 拉力
2. 下列不属于离心泵主要构件的是（　　）。
A. 叶轮　　B. 泵壳　　C. 轴封装置　　D. 泵轴
3. 离心泵泵壳的作用是（　　）。
A. 避免气缚现象　　B. 避免汽蚀现象
C. 灌泵　　D. 汇集和导液的通道、能量转换装置
4. 离心泵开动以前必须充满液体是为了防止发生（　　）。
A. 气缚现象　　B. 汽蚀现象
C. 汽化现象　　D. 气浮现象
5. 离心泵是依靠离心力对流体做功，其做功的部件是（　　）。
A. 泵壳　　B. 泵轴　　C. 电机　　D. 叶轮

三、简答题

1. 总结进入生产区域的安全注意事项。
2. 简述开车冷却用水引入实施步骤。

任务二 掌握碱洗工段装置操作

任务描述

市场上销售的MMA单体中含有甲基氢醌（又称邻甲基对苯二酚），该阻聚剂的存在会导致单体聚合反应诱导期过长，影响聚合反应的正常进行，因此应在聚合前将其去除。将烧碱溶液与单体充分混合，烧碱与甲基氢醌反应生成水溶性盐，使阻聚剂由油相进入水相，从而实现阻聚剂的脱除，此操作也称为“碱洗”。本部分主要掌握碱洗工段的工艺流程和操作。

任务目标

知识目标

① 掌握典型设备的结构与作用；
② 掌握原料碱洗工段的工艺流程；
③ 了解原料碱洗工段注意事项。

技能目标

① 能够根据现场工艺需要优化工艺参数；
② 能够团队合作完成原料碱洗工段操作。

素质目标

① 具备专业规范表达的能力；
② 培养认真负责、严谨细致的职业素养；
③ 养成规范佩戴劳动防护用品的习惯；
④ 具备团队沟通交流及协作能力。

重点设备介绍如下。

在原料碱洗工段涉及的主要设备有原料罐 V101、碱洗釜 R101、真空缓冲罐 V201、冷软水罐 V501、软水计量罐 V503、真空泵 P101（图 2-7）和水泵 P501。

原料罐V101

碱洗釜R101

真空缓冲罐V201

冷软水罐V501

软水计量罐V503

真空泵P101

图 2-7　碱洗工段主要设备

1. 碱洗釜结构与作用

碱洗釜（图 2-8）由釜体、传动装置、轴封、支座和搅拌设备等组成，是碱洗工艺进行的场所。通过开启传动装置带动搅拌设备转动，使聚合单体和碱液混合均匀，从而使烧碱与甲基氢醌充分反应。

2. 真空缓冲罐结构与作用

真空缓冲罐（图 2-9）主要由罐体和分别与减压系统、真空泵、排污管和水洗罐相连的管线构成。其作用是缓冲压力和防止倒灌，还可用于气液分离以达到稳定真空度的目的。抽气口在罐的上部，液体从下部排出。

3. 真空泵的作用

真空泵是利用机械、物理、化学或物理化学的方法对被抽容器进行抽气而获得真空的器件或设备。随着真空应用的发展，真空泵已发展了很多种，其抽速从每秒零点几升到每秒几十万、数百万升。极限压力（极限真空）从粗真空到10～12Pa以上的极高真空范围。

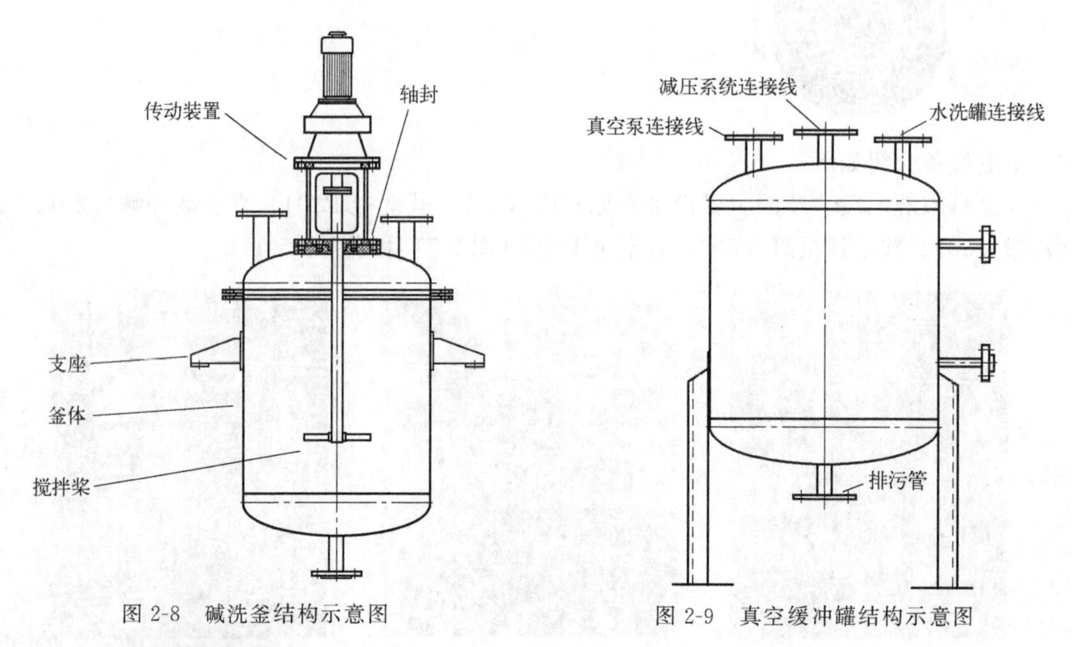

图 2-8　碱洗釜结构示意图　　图 2-9　真空缓冲罐结构示意图

活动1：填写MMA性质表

查阅资料，完成单体MMA产品性质表（表2-4）。

表 2-4　MMA 产品性质

标识	中文名：	英文名：	别名：
	分子式：	分子量：	CAS号：
理化性质	外观与性状：		
	水溶性：		
	熔点/℃：	临界温度/℃：	密度/(g/cm^3)：
	沸点/℃：	临界压力/MPa：	爆炸极限/%：

学一学

1. MMA 物理性质

外观与性状：是一种无色、易挥发液体，并具有强辣味。

熔点（℃）：−48；沸点（℃）：100.5；相对密度（水为1）：0.94（20℃）；饱和蒸气压（kPa）：3.9（20℃）。

2. MMA 的化学性质

引燃温度（℃）：421～435；爆炸上限（%）：12.5；爆炸下限（%）：2.1。

3. MMA 的危险性

本品毒性较小，大鼠经口 LD_{50} 为 9400mg/kg，吸入致死浓度 LC 为 5015.33g/m^3，作业最高容许浓度为 410mg/m^3。但其嗅阈为 130～250mg/m^3，当其浓度尚未达产生毒性之前，其强烈臭味已使人难忍。人体皮肤接触甲基丙烯酸甲酯时，只有极少数人会出现红疹。

4. MMA 的储存注意事项

通常商品加有阻聚剂，并储存于阴凉、通风的库房，远离火种、热源。存放时，库房温度不宜超过 37℃，包装要求密封，不可与空气接触，且应与氧化剂、酸类、碱类、卤素等分开存放，切忌混储。储存时不宜大量储存或久存。采用防爆型照明、通风设施。禁止使用易产生火花的机械设备和工具。储区应备有泄漏应急处理设备和合适的收容材料。

活动 2：完成碱洗工段原料需求量一览表

根据 PMMA 装置设计产能为 2.8kg/批次，假设 MMA 单体转化率为 100%且物料转移过程中忽略损失，计算原料 MMA 的投料量并填入表 2-5。

表 2-5 碱洗工段原料需求量一览表

项目	MMA	固体 NaOH
规格(质量分数)	99.5%	99%
投料量	__L	30g

活动 3：制定原料碱洗任务实施方案

根据模块一任务二中 PMMA 生产工艺流程图 1-11、碱洗工段工艺流程图 2-10 和预处理工段控制系统图 2-11，小组内部讨论制定原料碱洗任务实施方案。

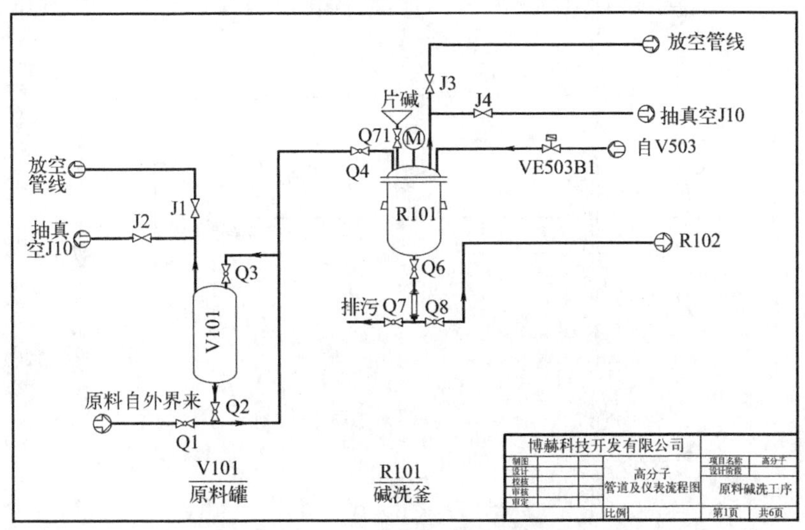

图 2-10 碱洗工段工艺流程

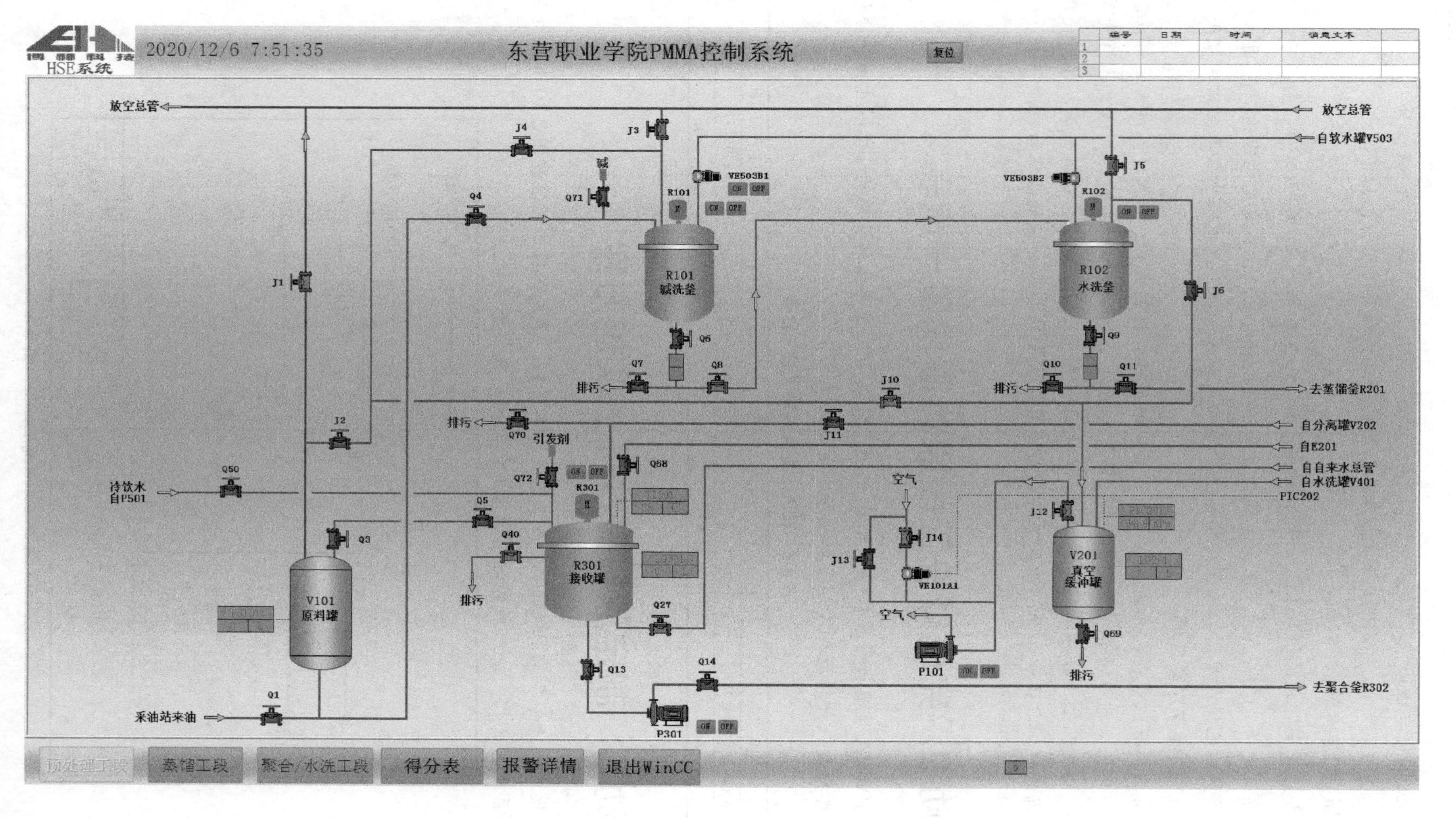

图 2-11 预处理工段控制系统

M2-6 原料碱洗工段的开车及运行

MMA 单体碱洗工段实施方案如表 2-6 所示。

表 2-6 碱洗工段实施方案

作业目的	操作步骤
备料	将进料软管插入原料桶中
	打开原料罐 V101 抽真空阀 J2
	打开真空管线手阀 J10
	打开真空缓冲罐 V201 前端手阀 J12
	打开真空调节阀 VE101A1
	启动真空泵 P101
	打开原料进料总阀 Q1
	打开原料罐顶进料阀门 Q3
	打开原料罐底进料阀门 Q2
	待料液转完之后,关闭进料阀 Q2
	关闭进料阀 Q3
	关闭原料进料总阀 Q1
	关闭原料罐抽真空阀 J2
	打开放空阀 J1
单体由原料罐转移至碱洗釜	打开碱洗釜 R101 抽真空阀 J4
	打开碱洗釜 R101 单体进料阀 Q4
	打开原料罐 V101 底出料阀 Q2
	转料完毕后(有液指示灯灭),打开碱洗釜 R101 放空阀 J3
	关闭抽真空阀 J4
	关闭碱洗釜 R101 单体进料阀 Q4
	关闭原料罐底出料阀 Q2
向软水计量罐移取定量软水	软水计量罐 V503 的液位 LIC-503 投自动,SV 设为 7L
	打开冷软水罐 V501 底部出口阀 Q46
	启动水泵 P501
	打开水泵 P501 出口阀 Q48
	待液位达到设定值,电磁阀自动关闭后,LIC-503 的设为手动
	待液位达到设定值后,关闭 P501 出口阀 Q48
	停止水泵 P501
将软水由软水计量罐转移至碱洗釜	开启软水计量罐底阀 Q51
	开启碱洗釜 R101 进水口电磁阀 VE503B1
	加水结束之后关闭电磁阀 VE503B1

续表

作业目的	操作步骤
原料碱洗	开启碱洗釜 R101 搅拌电机
	打开碱洗釜 R101 漏斗下手阀 Q71
	向釜中加入 30gNaOH 固体，关闭碱洗釜 R101 漏斗下手阀 Q71，搅拌一刻钟，碱洗结束
	关闭碱洗釜 R101 搅拌电机，静置分层，一刻钟后，开始分离盐酯
原料与碱液分离	打开碱洗釜底下料阀 Q6
	缓慢打开排污阀 Q7，排掉水溶液，玻璃视盅变亮，如图 2-12 左图所示，小心控制阀门的开度，不要将原料排掉
	待到出现分层时(视盅轻液指示灯和重液指示灯同时亮，如图 2-12 右图所示)，关闭排污阀 Q7

图 2-12　原料与碱液分层界面出现在视盅位置时其颜色前后变化（见彩插）

习题

一、填空题

1. 将烧碱溶液与单体充分混合，烧碱与甲基氢醌反应生成______，使阻聚剂由油相进入水相，从而实现阻聚剂的脱除。

2. 碱洗釜由______、______、______、______和______等组成，是碱洗工艺进行的场所。

3. 真空缓冲罐的作用是______和______，还可用于气液分离以达到稳定真空度的目的。

4. 丙烯酸甲酯是一种______、易挥发液体，并具有强辣味。

二、简答题

总结碱洗工段操作时的注意事项。

任务三 掌握水洗工段装置操作

任务描述

经过碱洗工段，MMA单体含有的阻聚剂基本去除干净，但有部分碱液和盐溶液残留在单体中，影响聚合反应的顺利进行，因此需要将MMA单体进行水洗以除去上述杂质。本部分需要掌握单体水洗工段的工艺流程和操作。

任务目标

知识目标

① 掌握原料水洗工段的工艺流程；
② 了解原料水洗工段注意事项。

技能目标

① 能够根据现场工艺需要优化工艺参数；
② 能够团队合作完成原料水洗工段操作。

素质目标

① 具备专业规范表达的能力；
② 培养认真负责、严谨细致的职业素养；
③ 养成规范佩戴劳动防护用品的习惯；
④ 具备团队沟通交流及协作能力。

重点设备介绍如下。

在 MMA 单体水洗工段涉及的主要设备（图 2-13）有碱洗釜 R101、水洗釜 R102、软水计量罐 V503。水洗釜的结构与碱洗釜基本一致。

碱洗釜R101

水洗釜R102

软水计量罐V503

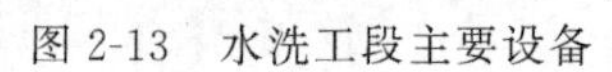

图 2-13　水洗工段主要设备

进行水洗操作时，需要按照要求准备好所需原料，具体种类及用量如表 2-7 所示。

表 2-7　水洗工段原料需求量一览表

项　　目	碱洗段处理后 MMA 与残留碱液的混合体系	水
规格	碱洗段处理后保留有机液相	纯水
投料量	碱洗段有机相出料量	7L

活动：制定水洗工段任务实施方案

根据模块一任务二中 PMMA 生产工艺流程图 1-11、预处理工段控制系统图 2-11 和水洗工段工艺流程图 2-14，小组内部讨论制定水洗工段任务实施方案。

M2-7　原料水洗工段的开车及运行

MMA 单体水洗工段实施方案如表 2-8 所示。

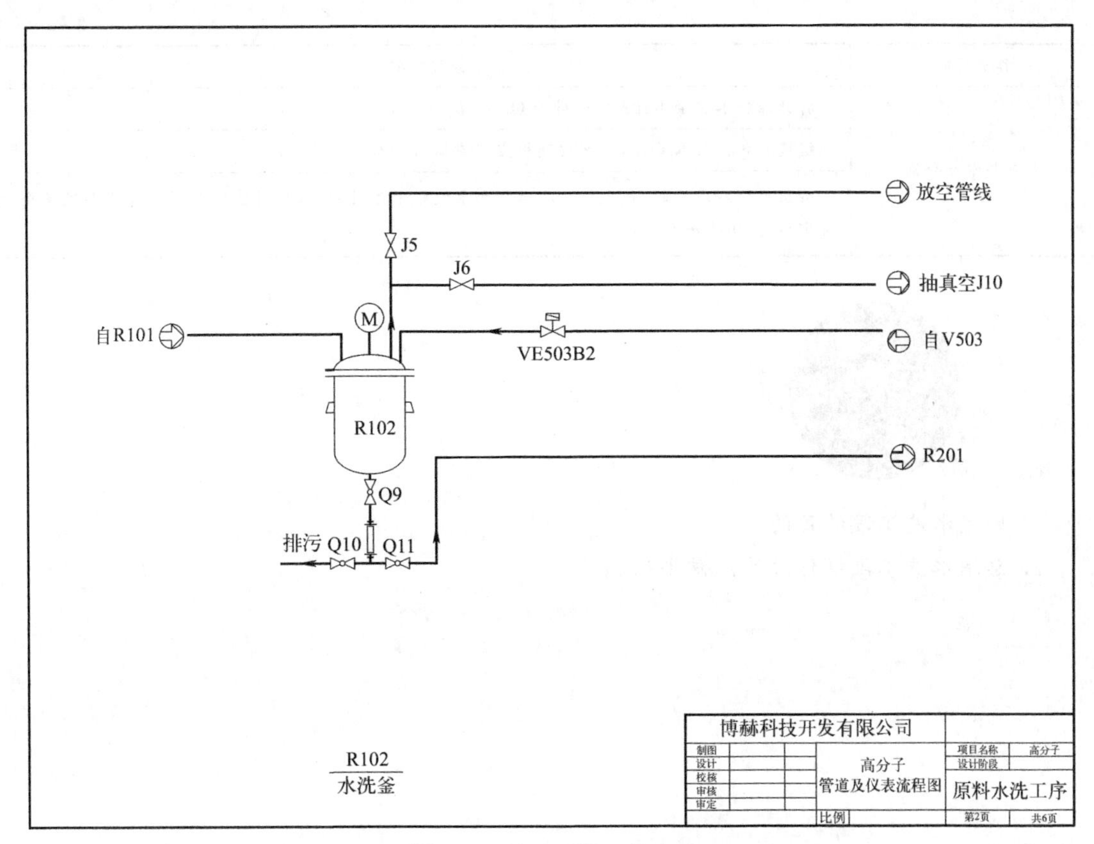

图 2-14 水洗工段工艺流程

表 2-8 水洗工段实施方案

作业目的	操作步骤
将碱洗釜中的有机相转移至水洗釜	打开水洗釜 R102 的抽真空阀 J6
	打开碱洗釜 R101 的转料阀 Q8
	待料液转完之后，关闭水洗釜 R102 抽真空阀 J6
	关闭碱洗釜 R101 的转料阀 Q8
	关闭碱洗釜 R101 底下料阀 Q6
	打开放空阀 J5
向软水计量罐移取定量软化水	设定软水计量罐 V503 的液位 LIC-503 为 7L，投自动
	启动水泵 P501
	打开 P501 出口阀 Q48
	待液位达到设定值，电磁阀自动关闭后，LIC-503 设为手动
	待液位达到设定值后，关闭 P501 出口阀 Q48
	停止水泵 P501
将软化水由软水计量罐转移至水洗釜	打开原料水洗釜 R102 顶进水口电磁阀 VE503B2
	加水结束之后关闭电磁阀 VE503B2
原料水洗	开启原料水洗釜 R102 搅拌电机
	15min 后停止水洗釜 R102 搅拌，静置分层 15min

续表

作业目的	操作步骤
原料与水相分离	打开原料水洗釜 R102 底出料阀 Q9
	缓慢打开排污阀 Q10,观察玻璃视盅中液体的状态
	待出现分层现象时(视盅轻液指示灯和重液指示灯同时亮,如图 2-14 所示),将下层液完全排出后,关闭排污阀 Q10

1. 阐述水洗工段的目的。
2. 总结水洗工段操作时的注意事项。

任务四 掌握蒸馏工段装置操作

任务描述

经过水洗工段，MMA单体中残留的碱液和盐溶液基本去除干净，但同时又在其中混入了水，同样影响聚合反应的顺利进行，这就需要将MMA单体进行蒸馏以除去水。本部分主要学习蒸馏工段的工艺流程和操作。

任务目标

知识目标

① 掌握典型设备的结构与作用；
② 掌握原料蒸馏工段的工艺流程；
③ 了解原料蒸馏工段注意事项。

技能目标

① 能够根据现场工艺需要优化工艺参数；
② 能够团队合作完成原料蒸馏工段操作。

素质目标

① 具备专业规范表达的能力；
② 培养认真负责、严谨细致的职业素养；
③ 养成规范佩戴劳动防护用品的习惯；
④ 具备团队沟通交流及协作能力。

一、重点设备介绍

在 MMA 单体蒸馏工段涉及的主要设备（图 2-15）有水洗釜 R102、蒸馏釜 R201、单体接收釜 R301、换热器 E201、真空缓冲罐 V201、分离罐 V202、真空泵 P101、恒温水浴槽 V601 和转料泵 P301。蒸馏釜的结构与碱洗釜基本一致。

水洗釜R102

蒸馏釜R201

单体接收釜R301

换热器E201

真空缓冲罐V201

分离罐V202

真空泵P101

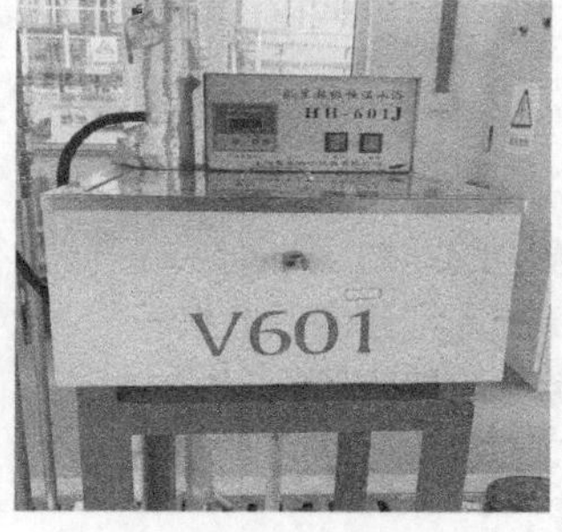

恒温水浴槽V601

转料泵P301

图 2-15　蒸馏工段主要设备

1. 固定管板式换热器结构与作用

换热器是化工、冶金、食品等行业各种类型装置的通用设备，在化工生产中可用作加热器、冷却器、冷凝器、蒸发器和再沸器等。根据冷、热流体热量交换的方式，换热器可以分为三大类，即直接接触式、蓄热式和间壁式。

（1）直接接触式换热器　某些传热过程，冷、热流体在这类换热器中通过直接混合进行热量交换。在工艺上允许两种流体相互混合的情况下，这是比较方便和有效的，且其结构比较简单。直接接触式换热器常用于气体的冷却或水蒸气的冷凝。

（2）蓄热式换热器　蓄热式换热器又称为蓄热器，它主要由对外充分隔热的蓄热室构成，室内装有热容量大的固体填充物。当冷、热两种流体交替地通过同一蓄热室时，即可通过填料将来自热流体的热量传递给冷流体，达到换热的目的。这类换热器的结构简单，且可耐高温，常用于高温气体热量的利用或冷却。其缺点是设备体积较大，过程是不定常的交替操作，两种流体交替时难免有一定程度的混合。

（3）间壁式换热器　其特点是在冷、热两种流体之间用一金属壁（或石墨等导热性好的非金属）隔开，以使两种流体在不相混合的情况下进行热量交换。由于在三类换热器中，间壁式换热器应用最多，因此下面重点讨论间壁式换热器。固定管板式换热器是常用的间壁式换热器之一。

固定管板式换热器主要由外壳、管板、管束、封头、折流挡板等部件组成，其结构示意图如图 2-16 所示。本工段中换热器 E201 采用形式即为间壁式换热器中常见的固定管板式换热器。壳体中设置有管束，管束两端用焊接或胀接的方法将管子固定在管板上，两端管板直接和壳体焊接在一起，壳程的进出口管直接焊在壳体上，管板外圆周和封头法兰用螺栓紧固，管程的进出口管直接和封头焊在一起，管束内根据换热管的长度设置了若干块折流挡板。一种流体在管内流动，其行程称为管程；另一种流体在管外流动，其行程称为壳程。管束的壁面即为传热面。

优点是结构简单，加工成本低，在保证相等传热面的条件下所需的壳体内径最小。缺点是适用于冷、热流体温差不大于 50℃的场合。冷、热流体之间温差大时会产生较大的热应力，造成管子与管板结合处拉脱破裂而发生泄漏或管子失稳等，因此依靠补偿圈的弹性变形来适应它们之间不同的热膨胀。同时检修、壳程清洗困难，要求管外流体洁净且不易结垢。

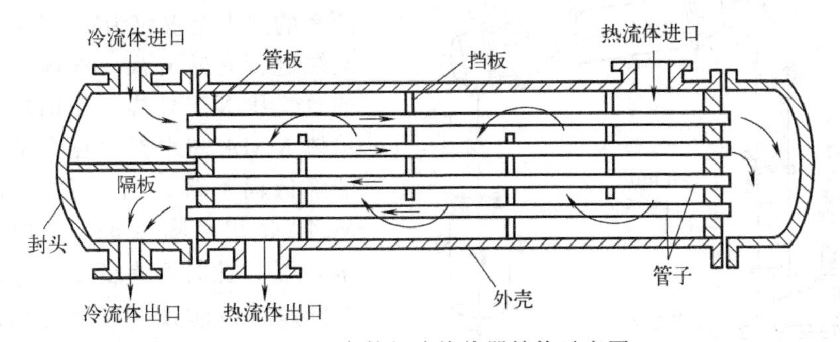

图 2-16　固定管板式换热器结构示意图

换热器使用注意事项：

① 换热器在新安装或检修后必须进行试压后才能使用。

② 加热器使用前，应将壳程中的蒸气凝液，由壳程的排尽阀排放掉；冷凝器使用时，应将上部的不凝气体由壳程的排气阀排放掉。

③ 换热器在开工时要先通冷流后通热流，在停工时要先停热流后停冷流，以防止不均

匀的热胀冷缩引起泄漏或损坏。启动过程中，排气阀应保持打开状态，以便排出全部空气，启动结束后应关闭。

④ 严格控制壳程和管程的进出口压力差，发现压力差小于规定值时，应及时查明原因并采取措施。

⑤ 定期检查壳程、管程出口压力表，对管壳间泄漏而造成的压力异常及时采取措施。

⑥ 应尽量采用较高流速，提高传热效果，减少结垢，防止局部过热，并做好定期排污。

2. 恒温水浴槽结构与作用

恒温水浴槽的水槽采用优质不锈钢折制焊接，外壳由钢板冲压折制焊接成型。外壳表面采用高强度的静电喷涂，漆膜光滑牢固。水槽内水平放置不锈钢管状加热器。水浴锅上侧有电气箱，电气箱前面板上装有温度控制仪表、电源开关。电气箱内有电热管和传感器。该温度控制系统采用了优质电子元件，控温灵敏、性能可靠、使用方便。PT100 传感器将水槽内水的温度转换为电阻值，经过集成放大器的放大、比较后，输出控制信号，有效地控制电加热管的平均加热功率，使水槽内的水保持恒温。

恒温水浴槽使用注意事项：

① 加注纯化水，以避免产生水垢；

② 注水时不可将水流入控制箱内，以防发生触电；

③ 使用完成后，箱内水应及时放净，并擦拭干净，保持清洁以利于延长使用寿命；

④ 加水之前切勿接通电源，而且在使用过程中，水位必须高于隔水板，切勿无水或水位低于隔板加热，否则会损坏加热管；

⑤ 水箱应放在固定的平台上，仪器所接电源电压应为 220V，电源插座应采用三孔安装插座，并必须安装地线；

⑥ 如恒温控制失灵，可将控制器上的银接点用细砂布擦亮即可工作；

⑦ 加水不可太多，以免沸腾时水溢出锅外。

二、减压蒸馏原理

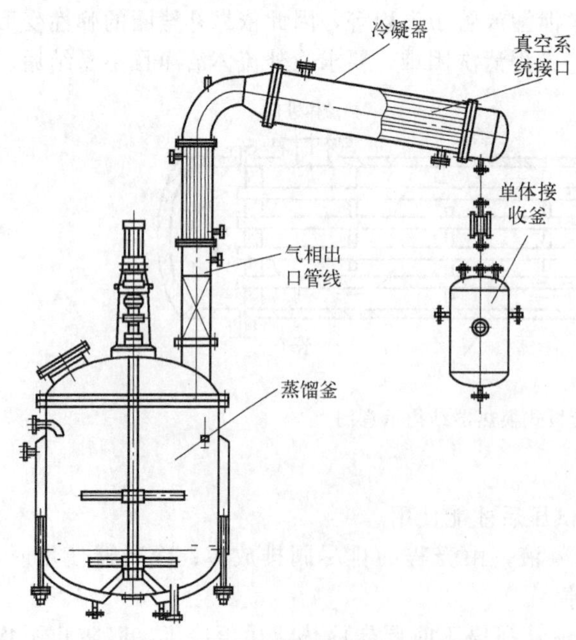

图 2-17　简单的减压蒸馏系统示意图

在标准大气压下，水的沸点为 100℃，MMA 单体的沸点为 100.5℃。两者的沸点差仅仅为 0.5℃，无法用常压蒸馏进行有效分离。液体的沸点是指它的蒸气压等于外界气压时的温度，所以单体 MMA 和水的沸点会随着外界气压的降低而下降。当真空度为 92kPa 时，MMA 的沸点降至 38℃，而水的沸点降至 44℃，此时两者的沸点差增大，采用蒸馏就可以实现两者的分离，此时的蒸馏方式称为减压蒸馏。减压蒸馏是分离和提纯化合物的一种重要方法，尤其适用于高沸点物质和那些在常压蒸馏时未达到沸点就已受热分解、氧化或聚合的化合物的分离和提纯。图 2-17 是简单的减压蒸馏系统示意图。

进行减压蒸馏时，需要按照要求准备好所需原料，具体种类及用量如表 2-9 所示。

表 2-9　蒸馏工段原料需求量一览表

项　　目	原料水洗工段处理后 MMA＋残留的水
投料量	原料水洗工段有机相出料量

活动：制定蒸馏工段任务实施方案

根据模块一任务二中 PMMA 生产工艺流程图 1-11、蒸馏工段工艺流程图 2-18 和蒸馏工段控制系统图 2-19，小组内部讨论制定蒸馏工段任务实施方案。

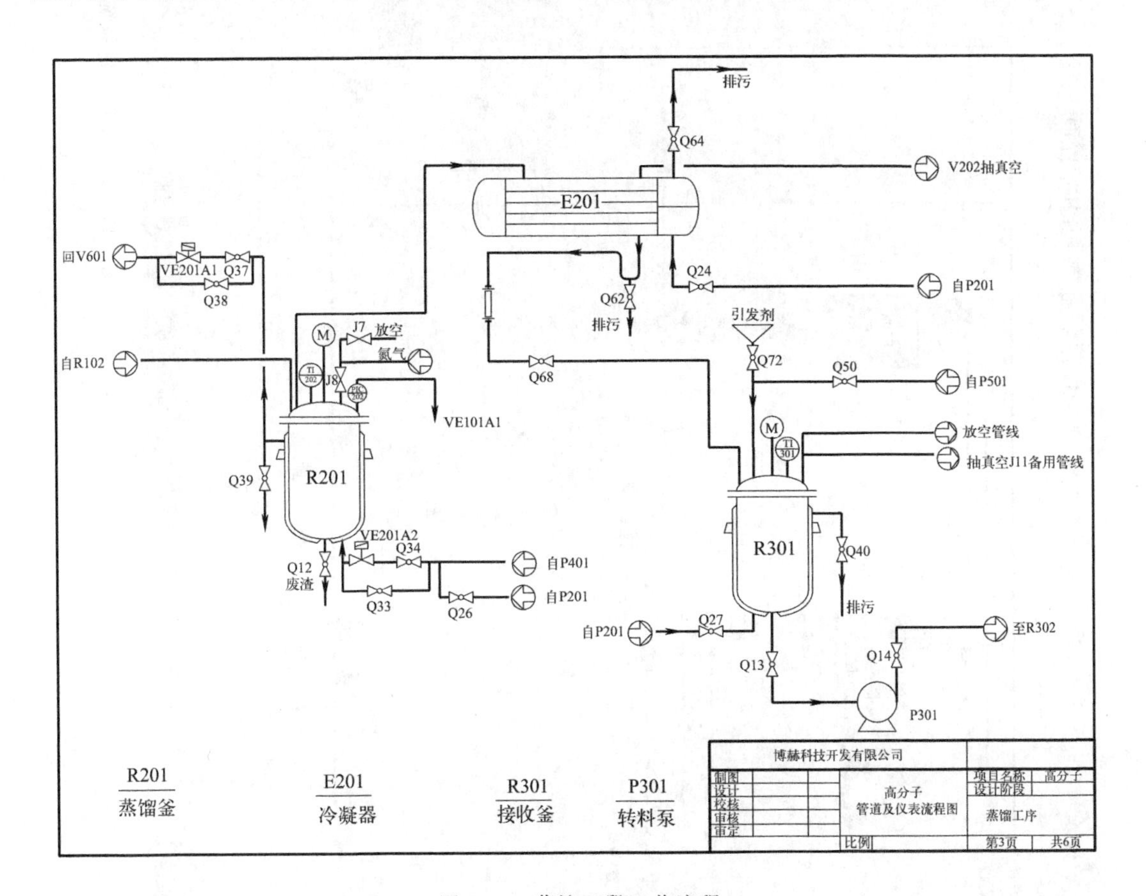

图 2-18　蒸馏工段工艺流程

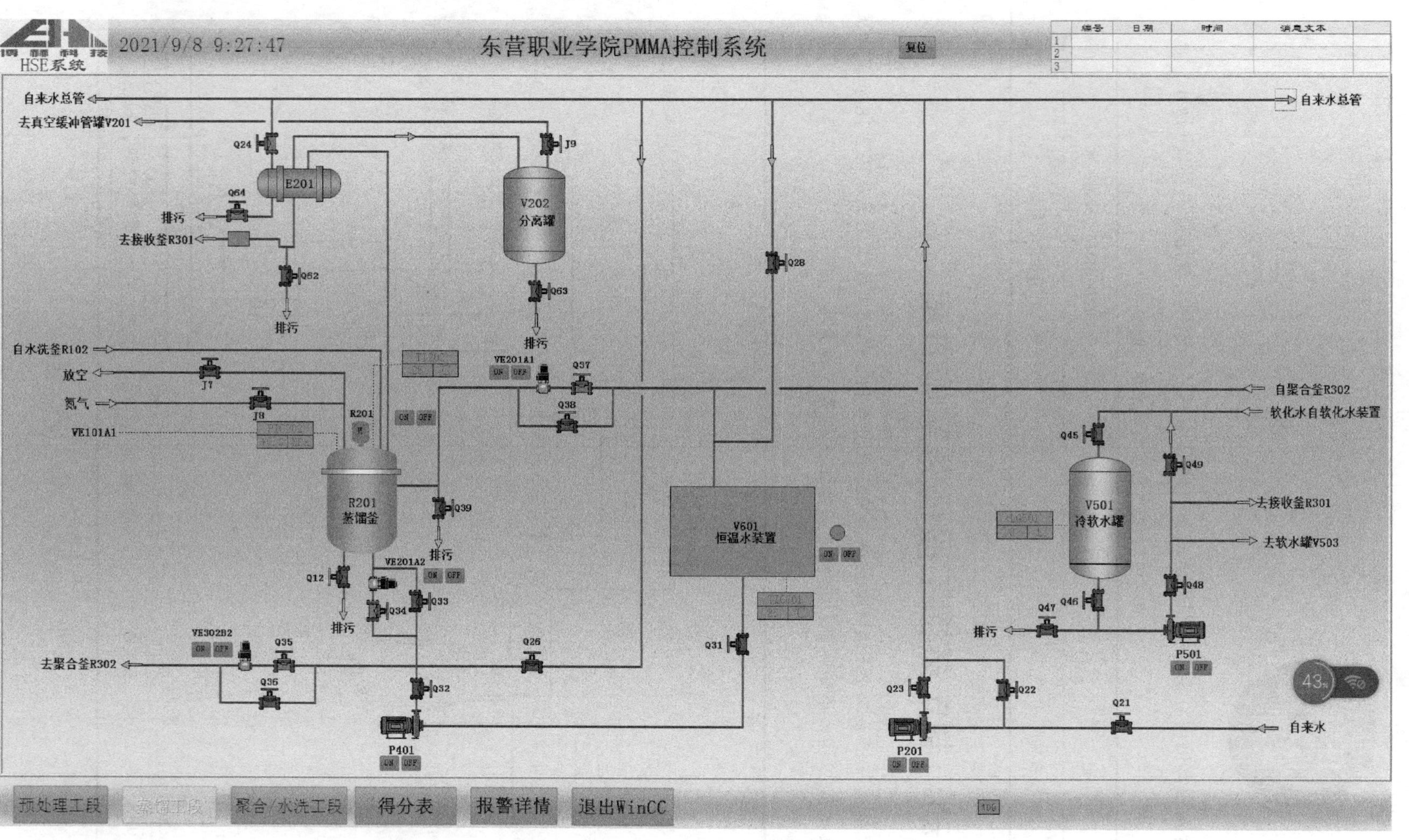

图 2-19 蒸馏工段控制系统

MMA单体蒸馏工段实施方案如表2-10所示。

M2-8　原料减压蒸馏工段的开车及运行

表2-10　蒸馏工段实施方案

作业目的	操作步骤
将水洗釜中的单体转移至蒸馏釜	打开蒸馏釜R201原料进料阀Q11，开始转料
	转料结束之后，关闭蒸馏釜R201原料进料阀Q11
	关闭原料水洗釜底出料阀Q9
减压蒸馏	开启蒸馏釜R201搅拌电机
	开启换热器E201的冷凝液出口阀Q68
	打开分离罐V202罐顶的抽真空阀门J9
	真空调节阀VE101A1投自动，SV设为−92kPa
	真空缓冲罐V201的真空度PIC-201为−92kPa
	蒸馏釜R201的真空度PIC-202为−92kPa
	打开恒温水浴槽底出水口阀门Q31灌泵
	开启恒温水浴槽V601电源
	恒温水浴槽开始升温(设定恒温水浴的温度TIC-601投自动，SV值为45℃)
	启动热水泵P401
	打开热水泵出口阀门Q32
	打开蒸馏釜夹套循环热水进口管路电磁阀VE201A2
	打开蒸馏釜夹套循环热水出口管路电磁阀VE201A1
	达到38℃左右之后方开始产生气体，注意观察原料换热器E201底部玻璃视盅，此时玻璃视盅中会有液体流出(有液指示灯亮，如图2-20所示)
	开启单体接收釜R301搅拌电机
	待玻璃视盅中看不见液体流出时(有液指示灯熄灭)，蒸馏结束
	停蒸馏釜R201搅拌电机
	关闭蒸馏釜夹套循环热水进口管路电磁阀VE201A2
	关闭蒸馏釜夹套循环热水出口管路电磁阀VE201A1
	关闭热水泵P401出口阀门Q32
	关闭热水泵P401
	关闭换热器E201的冷凝液出口阀Q68
	关闭真空缓冲罐前端手阀J12
	关闭分离罐V202抽真空阀J9
	关闭真空管线手阀J10
	关闭真空泵P101

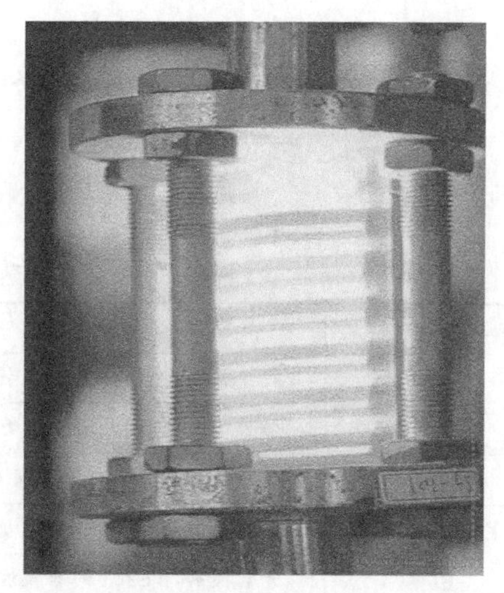

图 2-20　原料冷凝后流经玻璃视盅时的前后变化（见彩插）

一、填空题

1. 根据冷、热流体热量交换的原理和方式，换热器可以分为三大类，即________、________和________。

2. 固定管板式换热器应用时，一种流体在管内流动，其行程称为________；另一种流体在管外流动，其行程称为________。________即为传热面。

3. 固定管板式换热器壳程与管程介质之间温差大时会产生较大的热应力，造成管子与管板结合处拉脱破裂而发生泄漏或管子失稳等，因此依靠________的弹性变形来适应它们之间不同的热膨胀。

4. ________又称为蓄热器，它主要由热容量较大的蓄热室构成，室中装有热容量大的固体填充物。

5. 固定管板式换热器的结构____、成本____。

二、简答题

1. 简述减压蒸馏的适用情形。

2. 总结蒸馏工段操作时有哪些注意事项。

任务五 掌握聚合工段装置操作

任务描述

MMA单体经过碱洗、水洗、蒸馏工段后，其纯度已经达到聚合要求。本部分主要学习聚合工段的工艺流程和操作。

任务目标

知识目标

① 掌握典型设备的结构与作用；
② 掌握原料聚合工段的工艺流程；
③ 了解原料聚合工段注意事项。

技能目标

① 能够根据现场工艺需要优化工艺参数；
② 能够团队合作完成原料聚合工段操作。

素质目标

① 具备专业规范表达的能力；
② 培养认真负责、严谨细致的职业素养；
③ 养成规范佩戴劳动防护用品的习惯；
④ 具备团队沟通交流及协作能力。

一、重点设备介绍

在 MMA 单体聚合工段涉及的主要设备（图 2-21）有单体接收釜 R301、聚合釜 R302、冷软水罐 V501、软水计量罐 V503、气液分离器 V301、恒温水浴槽 V601。

单体接收釜R301

聚合釜R302

冷软水罐V501

软水计量罐V503

气液分离器V301

恒温水浴槽V601

图 2-21　聚合工段主要设备

1. 聚合釜结构与作用

聚合釜由釜体、夹套、搅拌器、传动装置、轴封装置和支座等组成。搅拌装置在高径比较大时，可用多层搅拌桨叶。釜壁外设置夹套进行换热。支承座有支承式或耳式支座等，如图 2-22 所示。

聚合釜的工作原理：

在内层放入反应体系可做搅拌反应，夹层可分别通冷、热流体做循环冷却或加热。通过反应釜夹层，注入恒温的热溶媒体或冷却媒体，对反应釜内的物料进行恒温加热或制冷。同时可根据使用要求在常压或负压条件下进行搅拌反应。物料在反应釜内进行反应，并能控制反应溶液的蒸发与回流，反应完毕，物料可从釜底的出料口放出，操作极为方便。

聚合釜使用注意事项：

① 反应釜在运行中，严格执行操作规程，禁止超温、超压。

② 按工艺指标控制夹套（或蛇管）及反应器的温度。

③ 避免温差应力与内压应力叠加，使设备产生应变。

④ 要严格控制配料比，防止剧烈的反应。

⑤ 要注意反应釜有无异常振动和声响，如发现故障，应停止使用，并进行检查维修及时消除故障。

⑥ 所有阀门使用时，应缓慢转动阀杆（针），压紧密封面，达到密封效果。关闭时不宜用力过猛，以免损坏密封面。

⑦ 电气控制仪表应由专人操作，并按规定设置过载保护设施。

2. 气液分离器结构与作用

气液分离器作用就是处理含有少量凝液的气体，实现凝液回收或者气相净化。其结构一般就是一个压力容器，在内部利用丝网或折流挡板之类的内部构件，将气体中夹带的液体进一步凝结、排放，以提升去除液体的效果，其结构如图 2-23 所示。一般气体由上部放出，液相由下部收集。

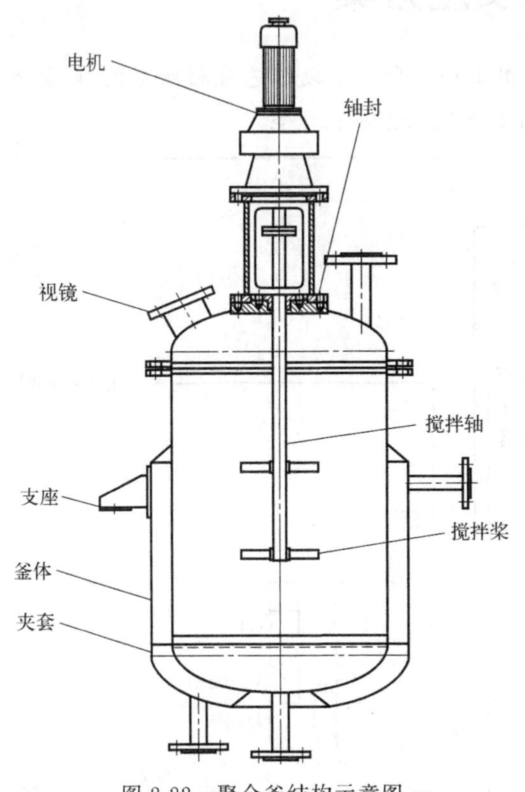

图 2-22　聚合釜结构示意图

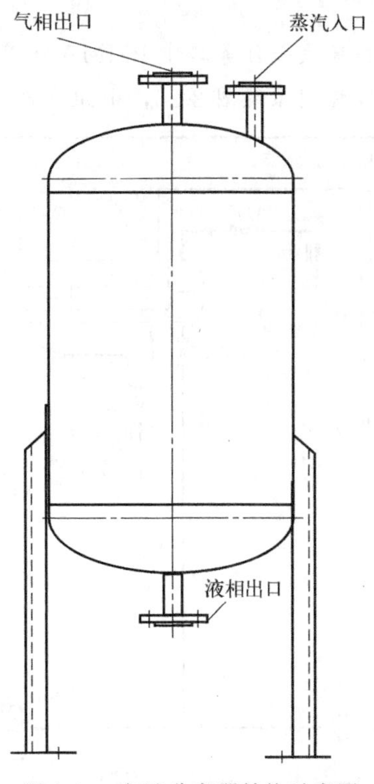

图 2-23　气液分离器结构示意图

二、聚合体系组成

本聚合体系以 MMA 作为单体，软化水作为连续相，明胶作为分散剂，BPO 作为引发剂。整套实训装置采用间歇式悬浮聚合工艺生产 PMMA，体系状态如图 2-24 所示。

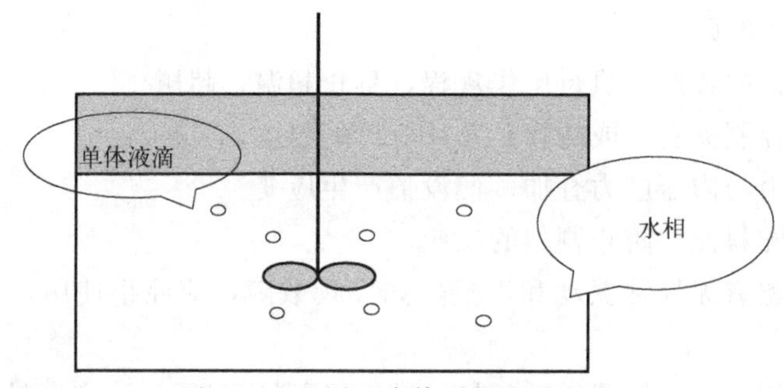

图 2-24 悬浮聚合体系状态示意图

活动：制定聚合工段任务实施方案

根据模块一任务二中 PMMA 生产工艺流程图 1-11、聚合工段工艺流程图 2-25 和聚合/水洗工段控制系统图 2-26，小组内部讨论制定聚合工段任务实施方案。

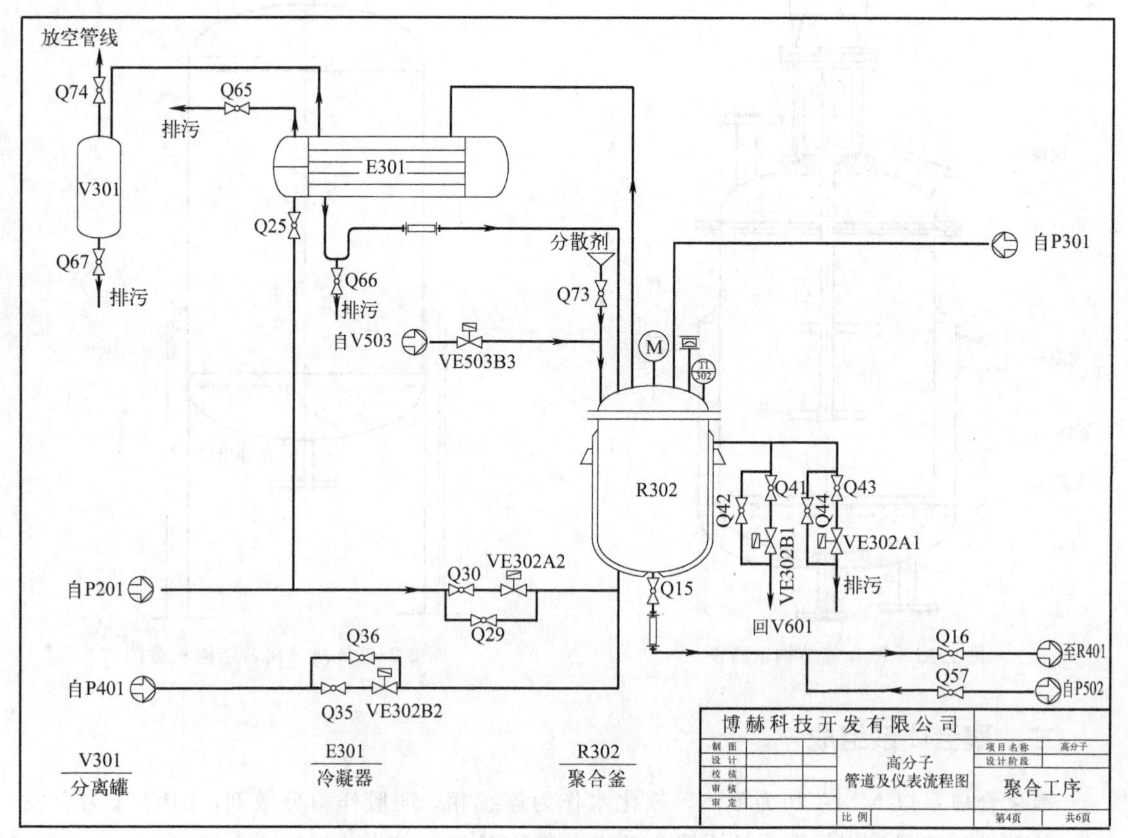

图 2-25 聚合工段工艺流程

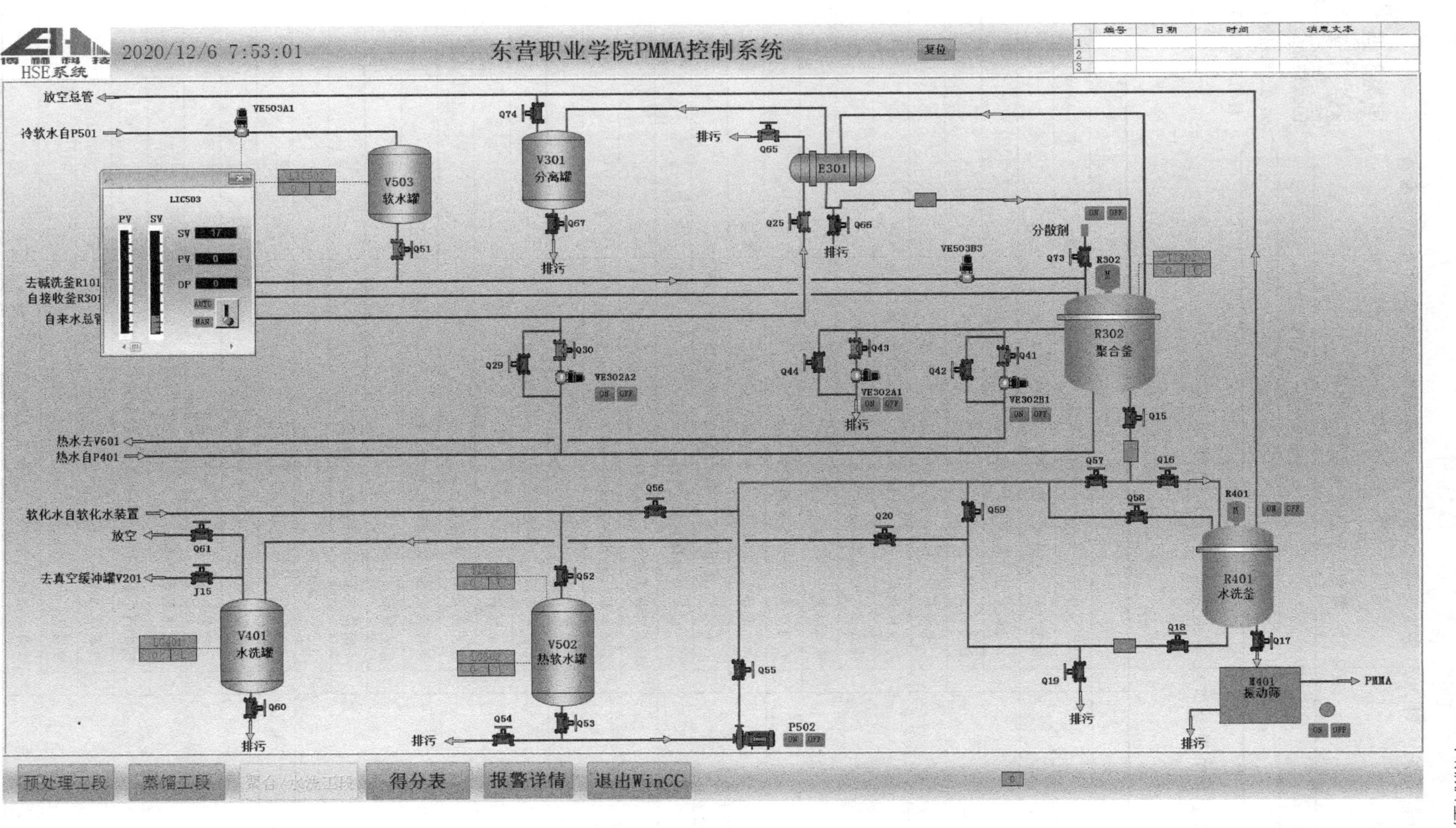

图 2-26 聚合/水洗工段控制系统

进行聚合反应时，需要按照要求准备好所需原料，具体种类及用量如表 2-11 所示。

扫一扫

M2-9 原料聚合工段的开车及运行

表 2-11 聚合工段原料需求量一览表

项目	MMA	明胶	BPO	去离子水
投料量	蒸馏工段所得有机相的量	60g	20g	17L

MMA 单体聚合工段实施方案如表 2-12 所示。

表 2-12 聚合工段实施方案

作业目的	操作步骤
向单体中加入引发剂	检测单体接收釜 R301 中的物料温度，待温度 TI301 降至 20℃以下，打开 Q72
	向其中加入 20g 过氧化二苯甲酰后，关闭 Q72
向软水计量罐移取定量软化水	设定软水计量罐 V503 液位 LIC-503 为 17L，投自动
	启动水泵 P501
	打开水泵 P501 出口阀 Q48
	待液位达到设定值，电磁阀自动关闭后，LIC-503 设为手动
	待液位达到设定值后，关闭水泵 P501 出口阀 Q48
	停止水泵 P501
	关闭冷软水罐出水底阀 Q46
将聚合体系用水由软水计量罐转移至聚合釜	打开聚合釜 R302 进水口电磁阀 VE503B3，向 R302 中加水
	加水完毕，关闭聚合釜 R302 进水口电磁阀 VE503B3
	关闭软水计量罐底阀 Q51
向聚合釜中加入明胶并混合均匀	打开聚合釜漏斗底阀 Q73
	向其中加入溶解好的明胶分散剂后，关闭聚合釜漏斗底阀 Q73
	启动聚合釜 R302 搅拌电机
将单体由接收釜转移至聚合釜	混合均匀后，打开接收釜 R301 底部出料阀 Q13
	启动转料泵 P301
	打开转料泵出口阀 Q14
	转料结束后（接收釜 R301 有液指示灯灭），关闭转料泵出口阀 Q14
	停止转料泵 P301
	关闭接收釜 R301 底部出口阀 Q13
	停 R301 搅拌电机
排放聚合过程中不凝气	开启 V301 放空阀 Q74
给聚合釜加热引发聚合反应	打开聚合釜 R302 夹套循环热水进水管线电磁阀 VE302B2
	打开聚合釜 R302 夹套循环热水出水管线电磁阀 VE302B1
	启动热水泵 P401
	打开热水泵 P401 出口阀 Q32，开启循环热水
	恒温水浴的温度 TIC-601 设定为 74℃（TI-302 保持 70℃）
	恒温 2h
	恒温水浴的温度 TIC-601 设定为 86℃（TI302 保持 80℃）

续表

作业目的	操作步骤
给聚合釜加热引发聚合反应	恒温 2h
	恒温水浴的温度 TIC-601 设定为 90.6℃(TI302 保持 85℃)
	恒温 1h
聚合反应完成之后处理	反应结束后,关闭恒温水浴槽 V601 加热电源
	关闭热水泵 P401 出口阀 Q32
	关闭热水泵 P401
	关闭热水泵进口阀 Q31
	关闭聚合釜 R302 夹套循环热水进水管线电磁阀 VE302B2
	关闭聚合釜 R302 夹套循环热水出水管线电磁阀 VE302B1
	关闭自来水泵 P201 出口阀 Q23
	停自来水泵 P201

一、填空题

1. 聚合釜由______、______、______、______、轴封装置和支承等组成。

2. 气液分离器的作用就是处理含有少量凝液的气体，实现______。

3. 本聚合体系以______作为单体，______作为连续相，______作为分散剂，______作为引发剂。

二、简答题

总结聚合工段操作时的注意事项。

任务六 掌握产品水洗工段装置操作

任务描述

PMMA产品中含有少量未参加反应的单体和其他杂质，为了将这部分物质去除以提高产品品质，接下来就需要对产品进行水洗。本部分主要学习产品水洗工段的工艺流程和操作。

任务目标

知识目标

① 掌握产品水洗工段的工艺流程；
② 了解产品水洗工段注意事项。

技能目标

① 能够根据现场工艺需要优化工艺参数；
② 能够团队合作完成产品水洗工段操作。

素质目标

① 具备专业规范表达的能力；
② 培养认真负责、严谨细致的职业素养；
③ 养成规范佩戴劳动防护用品的习惯；
④ 具备团队沟通交流及协作能力。

重点设备介绍如下。

PMMA 产品水洗工段涉及的主要设备（图 2-27）有聚合釜 R302、产品水洗釜 R401、真空缓冲罐 V201、水洗罐 V401、热软水罐 V502 和热水泵 P502，产品水洗釜结构与原料碱洗釜基本一致。

聚合釜R302

产品水洗釜R401

真空缓冲罐V201

水洗罐V401

热软水罐V502

热水泵P502

图 2-27　产品水洗工段主要设备

活动：制定产品水洗工段任务实施方案

根据模块一任务二中 PMMA 生产工艺流程图 1-11、聚合/水洗工段控制系统图 2-26 和产品水洗工段工艺流程图 2-28，小组内部讨论制定产品水洗工段任务实施方案。

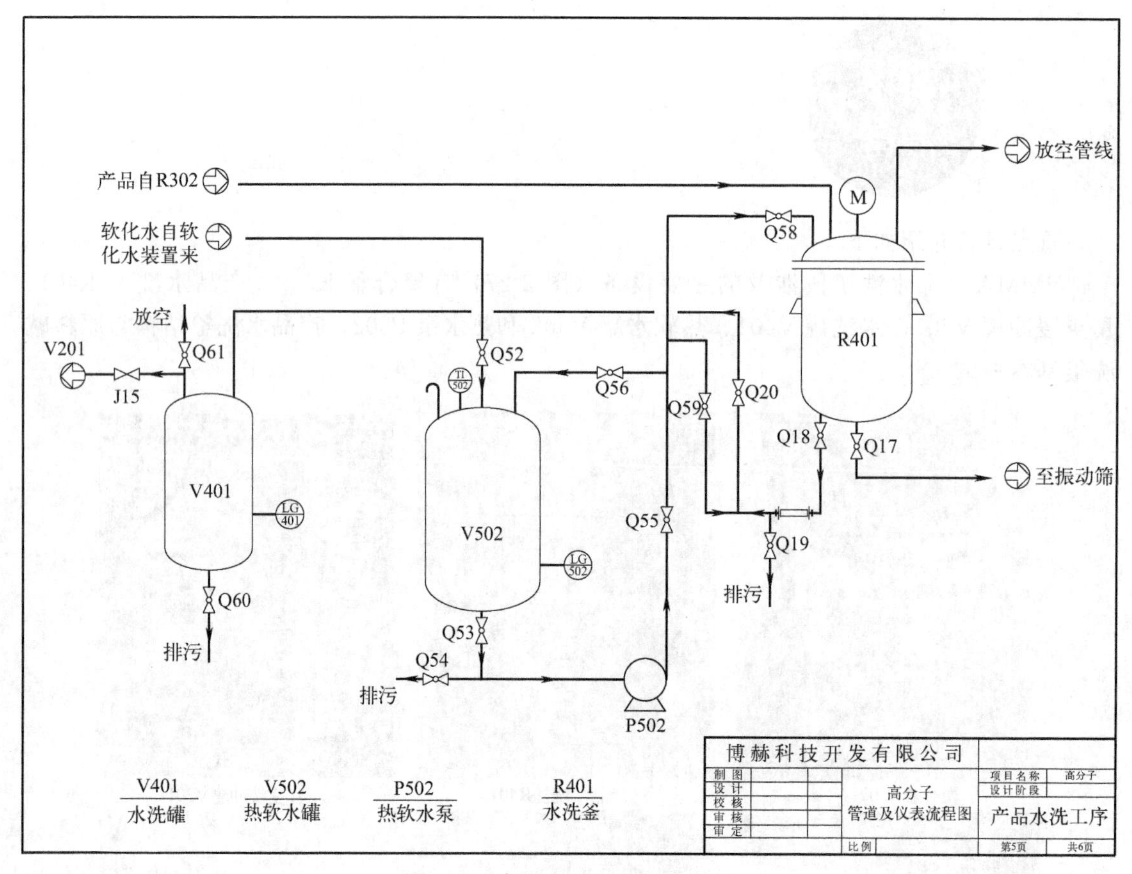

图 2-28 产品水洗工段工艺流程

进行产品水洗操作时，需要按照要求准备好所需原料，具体种类及用量如表 2-13 所示。

M2-10 产品水洗工段的开车及运行

表 2-13 产品水洗工段原料需求量一览表

项　　目	PMMA	软水(热)
投料量	聚合段产品量	20L/次

PMMA 产品水洗工段实施方案如表 2-14 所示。

表 2-14 产品水洗工段实施方案

作业目的	操作步骤
将聚合产物由聚合釜转移至水洗釜	打开聚合釜 R302 底放料阀 Q15
	打开产品水洗釜 R401 顶进料阀 Q16
	开启产品水洗釜 R401 搅拌电机
	放料完毕(有液指示灯灭)，关闭聚合釜 R302 底放料阀 Q15
	关闭产品水洗釜 R401 顶进料阀 Q16
	关闭聚合釜 R302 搅拌电机
给洗涤用软水加热	开启热软水罐 V502 电伴热带电源
	待热软水罐 V502 温度 TI502 达到 50℃，关闭 V502 电伴热带电源
将加热完成的 20L 软水由热软水罐转移至水洗釜	打开热软化水罐 V502 底部出水阀 Q53
	启动热水泵 P502

续表

作业目的	操作步骤
将加热完成的20L软水由热软水罐转移至水洗釜	打开热水泵P502出口阀Q55
	打开产品水洗釜R401进水阀Q58
	上水量观察热软化水罐V502液位计LG502,具体量暂定20L
	(观察V502液位计LG-502下降约20L后),关闭热水泵出口阀Q55
	停止热水泵P502
产品水洗并将洗涤后的软水由水洗釜转移至水洗罐	搅拌一段时间后,打开水洗釜R401底出水阀Q18
	打开水洗罐V401顶进水阀Q20
	打开水洗罐V401抽真空阀J15
	打开真空缓冲罐V201前端手阀J12
	开启真空泵P101,将水洗釜R401中的洗水抽入水洗罐V401中
	待水洗罐V401液位不再上升,即停真空泵P101
将水洗罐内的洗涤污水排入污水总管	开启水洗罐V401的排污阀Q60
	将洗水排净后,关闭排污阀Q60
第二次水洗准备	第二次水洗,关闭水洗釜R401底出水阀Q18
	打开水洗罐V401顶放空阀Q61
将20L热软水由热软水罐转移至水洗釜	启动热水泵P502
	打开热水泵出口阀Q55,给水洗釜R401上水
	上水量观察热软水罐V502液位计LG502,具体量暂定20L
	(观察V502液位计LG-502下降约20L后),关闭R401进水阀Q58
	关闭热水泵P502出口阀Q55
	停止热水泵P502
	关闭热软水罐底部出水阀Q53
产品水洗并将洗涤后的软水由产品水洗釜转移至水洗罐	搅拌一段时间后,打开水洗釜R401底出水阀Q18
	关闭水洗罐V401顶放空阀Q61
	开启真空泵P101,将水洗釜R401中的洗水抽入水洗罐V401中
	待水洗罐V401液位不再上升,停止真空泵P101
抽真空系统恢复原始状态	关闭抽真空系统阀门J15
	关闭抽真空系统阀门J12
	关闭抽真空系统阀门VE101A1
将水洗罐内的洗涤污水排入污水总管	开启水洗罐V401的排污阀Q60
	将洗水排净后,关闭排污阀Q60
恢复原始状态,使设备恢复至常压	关闭水洗釜R401底部出水阀Q18
	关闭水洗罐V401顶进水阀Q20
	打开水洗罐V401顶放空阀Q61

1. 简述产品水洗工段的目的。
2. 总结产品水洗工段操作时的注意事项。

任务七 掌握产品精制工段装置操作

任务描述

PMMA产品在完成水洗后，产品表面还覆盖有少量水分，为了将这部分水分去除以提高产品品质，接下来就需要对产品进行除水精制。本部分主要学习产品精制工段的工艺流程和操作。

任务目标

知识目标

① 掌握典型设备的结构与作用；
② 掌握产品精制工段的工艺流程；
③了解产品精制工段注意事项。

技能目标

① 能够根据现场工艺需要优化工艺参数；
② 能够团队合作完成产品精制工段操作。

素质目标

① 具备专业规范表达的能力；
② 培养认真负责、严谨细致的职业素养；
③ 养成规范佩戴劳动防护用品的习惯；
④ 具备团队沟通交流及协作能力。

一、重点设备介绍

PMMA 产品精制工段涉及的主要设备（图 2-29）有产品水洗釜 R401、振动筛 M401。

产品水洗釜R401

振动筛M401

图 2-29　产品水洗工段主要设备

二、振动筛结构与作用

三次元振动筛分过滤机（俗称旋振筛）是一种高精度筛分设备，可以单层粉末除杂，也可多层粒度分级，还可固液分离过滤，适用于粒、粉、液体等物料的筛分和过滤，是一机多用的通用筛选设备，如图 2-30 所示。

振动筛的动力源是振动电机，振动电机转轴上下端安装有偏心重锤（不平衡重锤），通

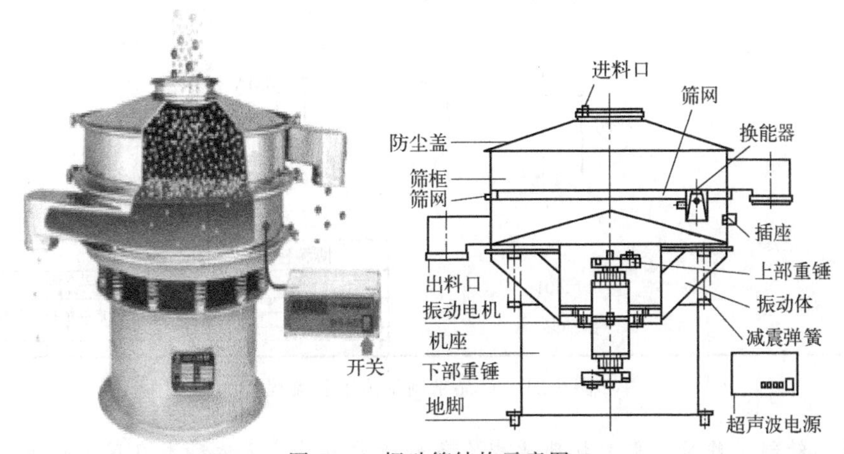

图 2-30　振动筛结构示意图

过振动电机的旋转运动在不平衡重锤作用下转变为水平、垂直、倾斜的三维运动即三次元运动，旋振筛利用振动电机的三维运动，通过旋振筛的弹簧和振动体把三维运动传递给振动筛网面。通过改变振动电机上下重锤的相位角来改变物料在筛面上的运动轨迹，以此达到筛分、去杂、过滤的目的。

振动筛的日常维护：

① 设备初次运转时，前7个工作日为机器试运行阶段，每天对设备进行检查，根据试运行阶段设备的状况调整定期检查时间。检查范围包括：各部分紧固螺栓的紧固性（如：束环螺栓、电机紧固螺栓）、筛网（筛板）是否疲劳和破损。

② 使用完成后，工作人员需对紧固件（束环螺栓、底格螺栓）进行紧固。

③ 严格按照振动电机的使用说明书定期适量补充润滑脂，每300h需检查维护。

④ 振动电机的安装：振动电机的安装要用扭力扳手进行，注意每一个固定螺栓的紧固不能一次固定到位，要平均多次紧固到最佳状态，固定螺栓为8.8级高强螺栓。

⑤ 每班次对筛网进行检查，建议通过对筛网的使用寿命进行判定，在危险期对筛网进行定期更换。

活动1：制定产品精制工段任务实施方案

根据模块一任务二中PMMA生产工艺流程图1-11、聚合/水洗工段控制系统图2-26和产品精制工段工艺流程图2-31，小组内部讨论制定产品精制工段任务实施方案。

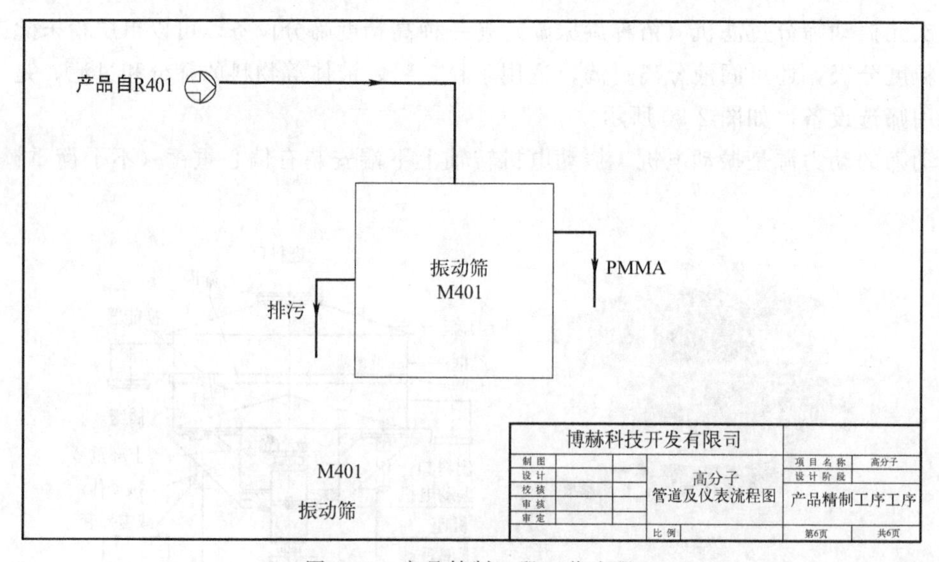

图2-31 产品精制工段工艺流程

进行产品精制操作时，需要按照要求准备好所需原料，具体种类及用量如表2-15所示。

表 2-15　产品精制工段原料需求量一览表

项　　目	PMMA＋水
投料量	产品水洗段产品量

M2-11　产品精制工段的开车及运行

PMMA 产品精制工段实施方案如表 2-16 所示。

表 2-16　产品精制工段实施方案

作业目的	操作步骤
将产品由水洗釜转移至振动筛，并停水洗釜搅拌	打开产品水洗釜 R401 底出料阀 Q17，将产品转入振动筛 M401 中
	将产品全部转入振动筛 M402 中，关闭产品水洗釜 R401 底出料阀 Q17
	停止产品水洗釜 R401 搅拌电机
产品除水精制	开启振动筛 M401 电机，进行固液分离，上层筛出聚合物固体颗粒
	上层筛出完聚合物固体颗粒后，停止振动筛 M401 电机

活动 2：完成原料和产品质量一览表并计算产率

收集固体颗粒烘干，称重计算收率，完成本活动（表 2-17）。

表 2-17　原料和产品质量一览表

物质名称	MMA	PMMA
质量		

计算 PMMA 的产率：

$$产率\ X=\frac{\text{PMMA 产量}}{\text{MMA 投料质量}}\times 100\%$$

1. 简述产品精制工段的目的。
2. 总结产品精制工段操作时的注意事项。

任务八 掌握装置停工操作

任务描述

在完成PMMA的生产后要及时停冷却水并将放空设备归位，以便节约成本和方便PMMA的再生产。本任务主要学习产品装置停工操作。

任务目标

知识目标

① 掌握装置停工的工艺流程；
② 了解装置停工注意事项。

技能目标

能够团队合作完成装置停工操作。

素质目标

① 具备专业规范表达的能力；
② 培养认真负责、严谨细致的职业素养；
③ 养成规范佩戴劳动防护用品的习惯；
④ 具备团队沟通交流及协作能力。

活动：制定装置停车实施方案

M2-12 设备停车操作规程

根据工艺流程图和生产装置状态，小组内部讨论制定装置停车实施方案以方便 PMMA 产品的再生产。

装置停车实施方案如表 2-18 所示。

表 2-18 装置停车实施方案

作业目的	操作步骤
关闭各设备循环冷水进出口阀门	单体接收釜 R301 循环冷水进水阀 Q27 关闭
	单体接收釜 R301 循环冷水出水阀 Q40 关闭
	换热器 E201 循环冷水进水阀 Q24 关闭
	换热器 E201 循环冷水出水阀 Q64 关闭
	换热器 E301 循环冷水进水阀 Q25 关闭
	换热器 E301 循环冷水出水阀 Q65 关闭
关闭电动调节阀、各电磁阀前后手阀及放空阀	电动调节阀 VE101A1 的手阀 J14 关闭
	电磁阀 VE201A1 的手阀 Q37 关闭
	电磁阀 VE201A2 的手阀 Q34 关闭
	电磁阀 VE302A1 的手阀 Q43 关闭
	电磁阀 VE302A2 的手阀 Q30 关闭
	电磁阀 VE302B2 的手阀 Q35 关闭
	电磁阀 VE302B1 的手阀 Q41 关闭
	关闭放空阀 J1
	关闭放空阀 J3
	关闭放空阀 J5
	关闭放空阀 Q74
	关闭放空阀 Q61

1. 阐述装置停车实施流程。
2. 总结装置停车操作的注意事项。

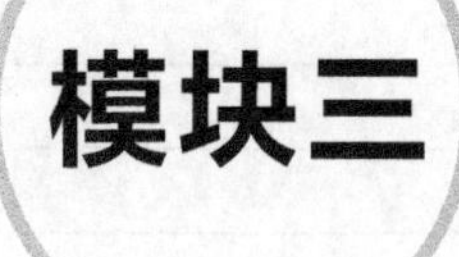

模块三 PMMA 装置异常处理和事故处置

【情境描述】

化工生产过程中偶尔会出现多种异常情况和突发性事故，为保障生产设备安全，企业员工应具备根据现场状况迅速判断原因并及时组织应急的能力。本模块学习内容主要包括 PMMA 装置运行过程中出现的典型异常工况和生产事故的现场情景及对应应急处理方法。

任务一
处置 PMMA 装置异常状况

任务描述

在完成生产流程学习和装置操作后，我们已经对实训装置建立起深度认知。在实际的生产过程中往往伴随着一系列异常工况发生。因此需要掌握各类异常工况现象，迅速判断出原因并及时采取切实有效的应急处理措施，达到控制异常事故的目的。

本节将针对聚合装置晃电、聚合釜泄漏、聚合装置长时间停电、聚合装置超温、蒸馏工序真空泵故障停运等典型异常工况来进行讲解。

任务目标

知识目标

① 了解典型异常工况名称含义；
② 掌握典型异常工况的危害。

技能目标

① 能够根据现场异常现象判断原因；
② 能够及时采取正确的应急处理措施消除危险。

素质目标

① 具备专业规范表达的能力；
② 培养沉着冷静、严谨细致的职业素养；
③ 培养分析问题和解决问题的能力；
④ 具备团队沟通交流及合作能力。

晃电概念与危害：

所谓“晃电”，就是电力系统在运行过程中，由于外部线路受到雷击、瞬时短路、企业内部或外部电网故障、大型设备起动等情况干扰，造成电压大幅度波动或短时中断数秒，致使用电设备不能正常工作的现象。

晃电对化工生产的影响面相对较广，容易造成电网电压波动，汽轮机、发电机、高压锅炉给水泵等大型设备损坏，引起许多重要的高、低压电机（设备）停机，而关键设备的停机又会导致大机组，甚至整个生产装置联锁停机，导致连续生产过程被迫中断、生产装置停车。晃电时电网电压大幅度下跌，同时还伴随着电网大电流的产生，由于某些设备或线路耐受电流是有一定限度的，在晃电时短时的大电流有可能挑战设备的耐流能力而将其损毁，如果电流足够大而故障又发生在有限的密闭空间，此时常伴随着火灾、爆炸事故的发生。

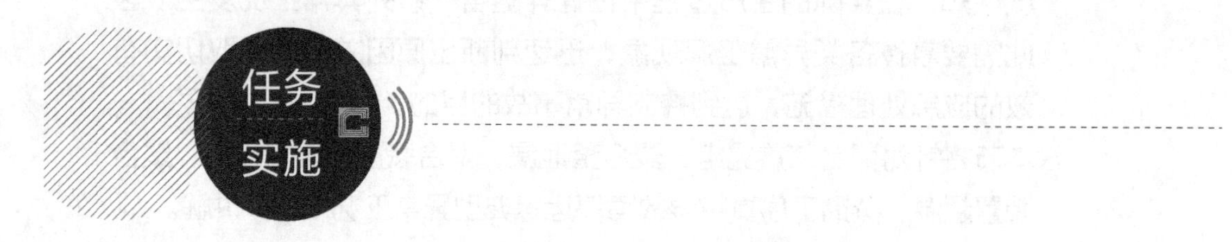

各常见异常处置操作前现场需设置初始阀门开启状态，如表 3-1 所示。

表 3-1　各常见异常工况阀门初始开启状态要求一览表

序号	异常工况名称初始开启阀门编号				
	聚合装置晃电	聚合釜泄漏	聚合装置长时间停电	聚合装置超温	蒸馏工序真空泵故障停运
1	J1	J1	J1	J1	J1
2	Q27	Q27	Q27	Q27	Q27
3	Q40	Q40	Q40	Q40	Q40
4	J5	J5	J5	J5	J5
5	J14	J14	J14	J14	J10
6	Q24	Q24	Q24	Q24	J14
7	Q64	Q64	Q64	Q64	J12
8	Q37	Q37	Q37	Q37	Q68
9	Q35	Q35	Q35	Q35	Q24
10	Q34	Q34	Q34	Q34	Q64
11	Q32	Q32	Q32	Q32	J9
12	Q31	Q31	Q31	Q31	Q37
13	Q23	Q23	Q23	Q23	Q35

续表

序号	异常工况名称初始开启阀门编号				
	聚合装置晃电	聚合釜泄漏	聚合装置长时间停电	聚合装置超温	蒸馏工序真空泵故障停
14	Q74	Q74	Q74	Q74	Q34
15	Q25	Q25	Q25	Q25	Q32
16	Q65	Q65	Q65	Q65	Q31
17	Q30	Q30	Q30	Q30	Q23
18	Q43	Q43	Q43	Q43	Q25
19	Q41	Q41	Q41	Q41	Q65
20	Q51	Q51	Q51	Q51	Q30
21					Q43
22					Q41
23					Q51

活动 1：讨论发生聚合装置晃电时产生的现象并制定处理方案

M3-1 聚合装置晃电处理

以小组为单位，讨论聚合过程中发生装置晃电会有哪些现象发生，并尝试提出处理方法。

聚合装置晃电异常现象如表 3-2 所示。

表 3-2 聚合装置晃电异常现象

序号	异常现象描述
1	聚合釜 R302 搅拌电机停止工作，搅拌轴停止转动
2	恒温水浴槽 V601 加热停止，指示灯熄灭
3	自来水泵 P201 停止，无工作声音
4	热水泵 P401 停止，无工作声音

聚合装置晃电处理方案如表 3-3 所示。

表 3-3 聚合装置晃电处理方案

序号	处置步骤
1	启动 R302 搅拌电机
2	启动恒温水浴槽 V601 加热电源
3	设定恒温水浴槽 V601 温度为停电前数值
4	关闭自来水泵 P201 出口阀 Q23
5	启动自来水泵 P201
6	打开自来水泵 P201 出口阀 Q23
7	关闭热水泵 P401 出口阀门 Q32
8	启动热水泵 P401
9	打开热水泵 P401 出口阀 Q32

活动 2：讨论发生聚合釜泄漏时产生的现象并制定处理方案

M3-2 聚合釜泄漏处理

以小组为单位，讨论聚合釜泄漏会有哪些现象发生，并尝试提出处理方法。聚合釜泄漏异常现象如表 3-4 所示。

表 3-4 聚合釜泄漏异常现象

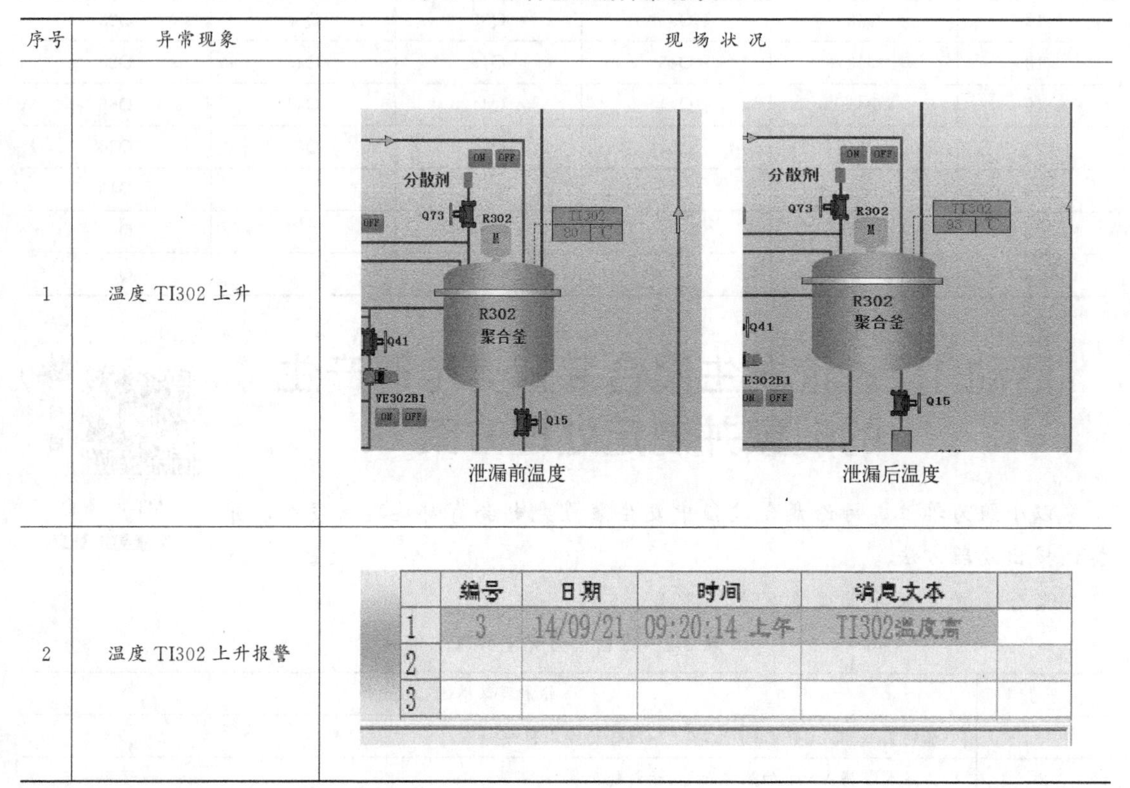

序号	异常现象	现场状况
1	温度 TI302 上升	泄漏前温度　泄漏后温度
2	温度 TI302 上升报警	

聚合釜泄漏处理方案如表 3-5 所示。

表 3-5 聚合釜泄漏处理方案

序号	处置步骤
1	外操做好个人防护
2	打开聚合釜 R302 底阀 Q15
3	打开水洗釜 R401 进料阀 Q16，物料放入水洗釜 R401
4	启动水洗釜 R401 搅拌电机
5	停止恒温水浴槽 V601 加热电源
6	关闭热水泵 P401 出口阀门 Q32
7	停止热水泵 P401
8	关闭热水泵 P401 进口阀 Q31
9	物料全部转移后关闭聚合釜 R302 搅拌电机
10	冲洗聚合釜 R302 及管路后通知维修人员进行维修

活动 3：讨论发生聚合装置长时间停电时产生的现象并制定处理方案

M3-3 装置长时间停电

以小组为单位，讨论聚合装置长时间停电会有哪些现象发生，并尝试提出处理方法。

聚合装置长时间停电异常现象如表 3-6 所示。

表 3-6 聚合装置长时间停电异常现象

序号	异常现象
1	聚合釜 R302 搅拌电机停止工作，搅拌轴停止转动
2	恒温水浴槽 V601 加热停止，指示灯熄灭
3	热水泵 P401 停止，无工作声音
4	自来水泵 P201 停止，无工作声音
5	聚合釜温度逐渐降低

聚合装置长时间停电处理方案如表 3-7 所示。

表 3-7 聚合装置长时间停电处理方案

序号	处置步骤
1	关闭热水泵 P401 出口阀 Q32
2	关闭热水泵 P401 进口阀 Q31
3	关闭聚合釜 R302 夹套循环热水进水管线电磁阀 VE302B2
4	关闭聚合釜 R302 夹套循环热水出水管线电磁阀 VE302B1
5	关闭自来水泵 P201 出口阀 Q23
6	关闭自来水泵 P201 进口阀 Q21
7	单体接收釜 R301 循环冷水进水阀 Q27 关闭
8	单体接收釜 R301 循环冷水出水阀 Q40 关闭
9	换热器 E201 循环冷水进水阀 Q24 关闭
10	换热器 E201 循环冷水出水阀 Q64 关闭
11	换热器 E301 循环冷水进水阀 Q25 关闭
12	换热器 E301 循环冷水出水阀 Q65 关闭
13	电动调节阀 VE101A1 的前后手阀 J14 关闭
14	电磁阀 VE201A1 的前后手阀 Q37 关闭
15	电磁阀 VE201A2 的前后手阀 Q34 关闭
16	电磁阀 VE302A1 的前后手阀 Q43 关闭
17	电磁阀 VE302A2 的前后手阀 Q30 关闭
18	电磁阀 VE302B2 的前后手阀 Q35 关闭
19	电磁阀 VE302B1 的前后手阀 Q41 关闭
20	关闭放空阀 J1
21	关闭放空阀 J3
22	关闭放空阀 J5
23	关闭放空阀 Q74

活动4：讨论发生聚合装置超温时产生的现象并制定处理方案

M3-4 聚合装置超温

以小组为单位，讨论聚合装置超温会有哪些现象发生，并尝试提出处理方法。聚合装置超温异常现象如表3-8所示。

表3-8 聚合装置超温异常现象

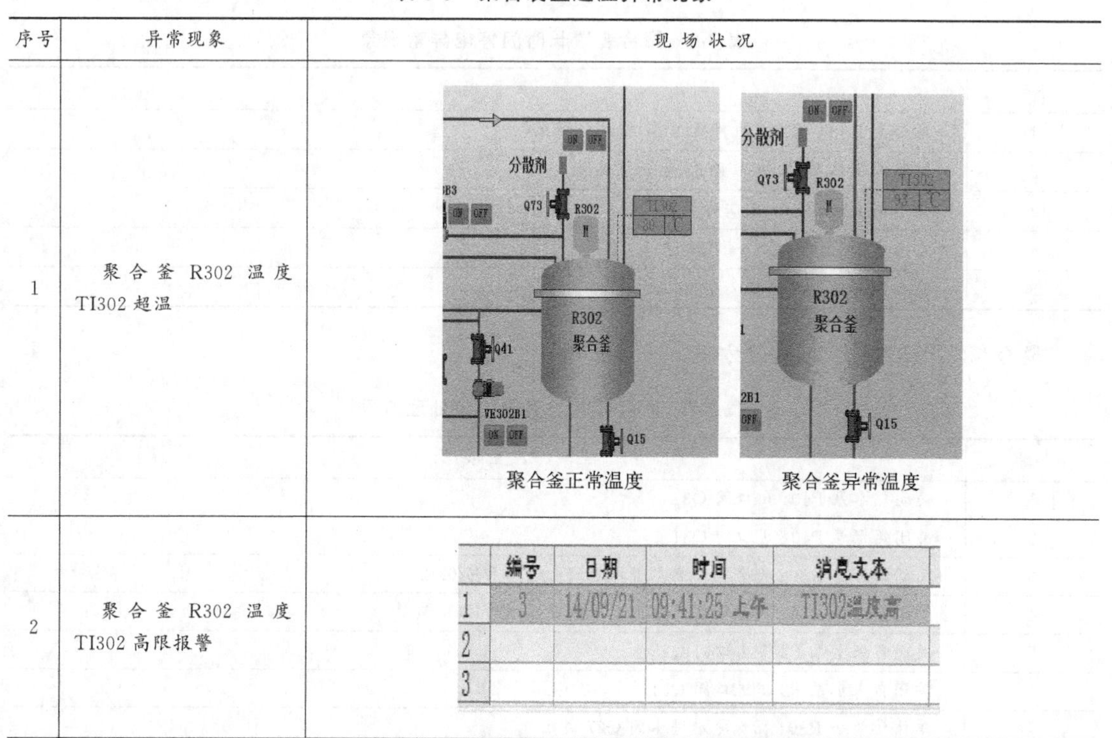

序号	异常现象	现场状况
1	聚合釜R302温度TI302超温	聚合釜正常温度　聚合釜异常温度
2	聚合釜R302温度TI302高限报警	编号: 3; 日期: 14/09/21; 时间: 09:41:25 上午; 消息文本: TI302温度高

	编号	日期	时间	消息文本
1	3	14/09/21	09:41:25 上午	TI302温度高
2				
3				

聚合装置超温处理方案如表3-9所示。

表3-9 聚合装置超温处理方案

序号	处置步骤
1	关闭聚合釜R302夹套循环热水进水管线电磁阀VE302B2
2	停止热水泵P401
3	关闭聚合釜R302夹套循环热水出水管线电磁阀VE302B1
4	打开聚合釜R302进夹套水调节阀VE302A2
5	打开聚合釜R302夹套水排污阀VE302A1
6	降低恒温水设定温度TIC-601
7	待温度降低到R302需要的聚合温度后关闭R302进夹套水调节阀VE302A2
8	关闭聚合釜R302夹套水排污阀VE302A1
9	启动热水泵P401
10	打开聚合釜R302夹套循环热水进水管线电磁阀VE302B2
11	打开聚合釜R302夹套循环热水出水管线电磁阀VE302B1

活动 5：讨论蒸馏工序真空泵故障停运时产生的现象并制定处理方案

M3-5 蒸馏工序真空泵故障停运的处理

以小组为单位，讨论蒸馏工序真空泵故障停会有哪些现象发生，并尝试提出处理方法。

蒸馏工序真空泵故障停异常现象如表 3-10 所示。

表 3-10 蒸馏工序真空泵故障停运异常现象

序号	异常现象	现场状况	
1	真空缓冲罐 V201 真空度 PIC201 归零	J12 PIC201 -95.0 KPa V201 真空缓冲罐 LG201 0 L Q69 真空缓冲罐正常压力	J12 PIC201 0.0 KPa V201 真空缓冲罐 LG201 0 L Q69 真空缓冲罐异常压力
2	蒸馏釜 R201 真空度 PIC202 归零	J8 PIC202 -95.0 KPa R201 R201 蒸馏釜 排污 VE201A2 Q12 Q34 Q33 蒸馏釜正常压力	J8 PIC202 0.0 KPa R201 R201 蒸馏釜 排污 VE201A2 Q12 Q34 Q33 蒸馏釜异常压力
3	真空泵 P101 停	泵无工作声音	

蒸馏工序真空泵故障停运处理方案如表 3-11 所示。

表 3-11 蒸馏工序真空泵故障停运处理方案

序号	处置步骤
1	关闭热水泵 P401 出口阀门 Q32
2	停止热水泵 P401

续表

序号	处置步骤
3	关闭热水泵 P401 进口阀 Q31
4	关闭蒸馏釜夹套热水出口阀门 VE201A1
5	打开自来水进蒸馏釜 R201 夹套手阀 Q26
6	打开蒸馏釜 R201 夹套水排污阀 Q39
7	停止恒温水加热电源 V601
8	关闭分离罐 V202 罐顶的抽真空阀门 J9
9	关闭真空缓冲罐 V201 前端手阀 J12
10	关闭真空度调节阀 VE101A1
11	通知维修人员维修真空泵

简述晃电的危害。

任务二
处置 PMMA 装置事故

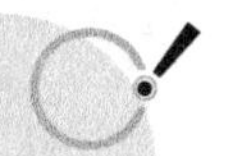

任务描述

在生产过程中，由于设备老化、日常维护不到位等原因经常会引发一系列事故。事故发生后得不到及时有效控制，将会直接影响装置的正常运行，甚至引发火灾、爆炸和人员中毒及伤亡等严重后果。本部分将针对蒸馏釜法兰泄漏着火、聚合釜着火、接收釜转料泵着火、蒸馏釜泄漏着火中毒和机械伤人等典型装置生产事故的现象和处理方案进行学习。

任务目标

知识目标

① 了解典型异常事故名称含义；
② 掌握典型异常事故的危害。

技能目标

① 能够根据现场事故现象判断原因；
② 能够合理采取应急处理措施消除危险。

素质目标

① 具备专业规范表达的能力；
② 培养沉着冷静、严谨细致的职业素养；
③ 培养分析问题和解决问题的能力；
④ 具备团队沟通交流及合作能力。

机械伤人概念与危害：

机械伤人主要指机械设备运动（静止）部件、工具、加工件直接与人体接触引起的夹击、碰撞、剪切、卷人、绞、碾、割、刺等形式的伤害。各类转动机械的外露传动部分（如齿轮、轴、履带等）和往复运动部分都是化工生产中需要重点关注的危险源。

各事故处置操作前现场需设置初始阀门开启状态如表 3-12 所示。

表 3-12　各事故阀门初始开启状态要求一览表

序号	事故初始开启阀门编号				
	蒸馏釜法兰泄漏着火事故	聚合釜着火事故	接收釜转料泵着火中毒事故	蒸馏釜泄漏着火中毒事故	机械伤人事故
1	J1	J1	J1	J1	J1
2	Q27	Q27	Q27	Q27	Q27
3	Q40	Q40	Q40	Q40	Q40
4	J5	J5	J5	J5	J5
5	J10	J14	J14	J10	J10
6	J14	Q24	Q13	J14	J14
7	J12	Q64	Q14	J12	J12
8	Q68	Q37	Q24	Q68	Q68
9	Q24	Q35	Q64	Q24	Q24
10	Q64	Q34	Q37	Q64	Q64
11	J9	Q32	Q32	J9	J9
12	Q37	Q31	Q31	Q37	Q37
13	Q35	Q23	Q35	Q35	Q35
14	Q34	Q74	Q34	Q34	Q34
15	Q32	Q25	Q23	Q32	Q32
16	Q31	Q65	Q25	Q31	Q31
17	Q23	Q30	Q65	Q23	Q23
18	Q25	Q43	Q30	Q25	Q25
19	Q65	Q41	Q43	Q65	Q65

续表

序号	事故初始开启阀门编号				
	蒸馏釜法兰泄漏着火事故	聚合釜着火事故	接收釜转料泵着火中毒事故	蒸馏釜泄漏着火中毒事故	机械伤人事故
20	Q30	Q51	Q41	Q30	Q30
21	Q43		Q51	Q43	Q43
22	Q41			Q41	Q41
23	Q51			Q51	Q51

活动 1：讨论蒸馏釜法兰泄漏着火时产生的现象并提出处理方案

以小组为单位，讨论蒸馏釜法兰泄漏着火事故会有哪些现象发生，并尝试提出处理方案。

蒸馏釜 R201 法兰泄漏着火事故现象如表 3-13 所示。

M3-6 蒸馏釜法兰泄漏着火事故处理

表 3-13 蒸馏釜 R201 法兰泄漏着火事故现象

序号	事故现象
1	现场可燃气体、有毒气体报警器报警
2	蒸馏釜 R201 法兰泄漏着火，有烟雾，有火焰

蒸馏釜法兰泄漏着火事故处理方案如表 3-14 所示。

表 3-14 蒸馏釜法兰泄漏着火事故处理方案

序号	处置步骤
1	外操做好个人防护，携带 F 型扳手
2	关闭换热器 E201 的冷凝液出口阀 Q68
3	关闭分离罐 V202 罐顶的抽真空阀门 J9
4	关闭真空缓冲罐 V201 前端手阀 J12
5	关闭真空泵 P101
6	关闭热水泵 P401 出口阀门 Q32
7	停止热水泵 P401
8	关闭热水泵 P401 进口阀 Q31
9	关闭蒸馏釜夹套热水出口阀门 VE201A1
10	打开自来水进蒸馏釜 R201 夹套手阀 Q26
11	打开蒸馏釜 R201 夹套排污阀 Q39，给蒸馏釜降温
12	关闭恒温水浴槽 V601 加热电源
13	内、外操向班长汇报“事故处理完毕”
14	班长向调度汇报“事故处理完毕，请派维修人员进行维修”
15	班长用广播宣布“解除事故应急预案”

活动 2：讨论聚合釜着火时产生的现象并提出处理方案

M3-7 聚合釜着火事故处理

以小组为单位，讨论聚合釜着火事故会有哪些现象发生，并尝试提出处理方案。

聚合釜着火事故现象如表 3-15 所示。

表 3-15 聚合釜着火事故现象

序号	事故现象
1	现场可燃气体、有毒气体报警器报警
2	聚合釜 R302 泄漏着火，有烟雾，有火焰

聚合釜着火事故处理方案如表 3-16 所示。

表 3-16 聚合釜着火事故处理方案

序号	处置步骤
1	外操做好个人防护，携带 F 型扳手
2	关闭聚合釜 R302 搅拌电机
3	关闭聚合釜 R302 夹套循环热水进水管线电磁阀 VE302B2
4	关闭聚合釜 R302 夹套循环热水出水管线电磁阀 VE302B1
5	打开聚合釜 R302 进夹套自来水调节阀 VE302A2
6	打开聚合釜 R302 夹套水排污阀 VE302A1，给聚合釜 R302 降温
7	关闭热水泵 P401 出口阀门 Q32
8	停止热水泵 P401
9	关闭热水泵 P401 进口阀 Q31
10	关闭恒温水浴槽 V601 加热电源
11	内、外操向班长汇报“事故处理完毕”
12	班长向调度汇报“事故处理完毕，请派维修人员进行维修”
13	班长用广播宣布“解除事故应急预案”

活动 3：讨论接收釜转料泵着火产生的现象并提出处理方案

M3-8 接收釜转料泵着火事故

以小组为单位，讨论接收釜转料泵着火事故会有哪些现象发生，并尝试提出处理方案。

接收釜转料泵着火事故现象如表 3-17 所示。

表 3-17 接收釜转料泵着火事故现象

序号	事故现象
1	现场可燃气体、有毒气体报警器报警
2	接收釜 R301 转料泵 P301 着火，有烟雾，有火焰

接收釜转料泵着火事故处理方案如表 3-18 所示。

表 3-18 接收釜转料泵着火事故处理方案

序号	处 置 步 骤
1	外操做好个人防护，携带 F 型扳手
2	停止转料泵 P301
3	关闭转料泵 P301 出口阀门 Q14
4	关闭接收釜 R301 底部出口阀门 Q13
5	内、外操向班长汇报“事故处理完毕”
6	班长向调度汇报“事故处理完毕，请派维修人员进行维修”
7	班长用广播宣布“解除事故应急预案”

活动 4：讨论蒸馏釜泄漏着火中毒事故产生的现象并提出处理方案

M3-9 蒸馏釜泄漏着火中毒事故

以小组为单位，讨论蒸馏釜泄漏着火中毒事故会有哪些现象发生，并尝试提出处理方案。

蒸馏釜泄漏着火中毒事故现象如表 3-19 所示。

表 3-19 蒸馏釜泄漏着火中毒事故现象

序号	事 故 现 象
1	现场可燃气体、有毒气体报警器发出声音和灯光报警
2	蒸馏釜 R201 法兰泄漏着火，现场有火焰并伴有烟雾
3	现场有人中毒，出现呼吸困难，并伴有咳嗽和流泪

蒸馏釜泄漏着火中毒事故处理方案如表 3-20 所示。

表 3-20 蒸馏釜泄漏着火中毒事故处理方案

序号	处 置 步 骤
1	外操做好个人防护，携带 F 型扳手
2	关闭热水泵 P401 出口阀门 Q32
3	停止热水泵 P401
4	关闭热水泵 P401 进口阀 Q31
5	关闭蒸馏釜夹套热水出口阀门 VE201A1
6	打开自来水进蒸馏釜 R201 夹套手阀 Q26
7	打开蒸馏釜 R201 夹套水排污阀 Q39
8	停止恒温水浴槽 V601 加热电源
9	关闭分离罐 V202 罐顶的抽真空阀门 J9
10	关闭真空缓冲罐 V201 前端手阀 J12
11	关闭真空度调节阀 VE101A1

续表

序号	处置步骤
12	关闭换热器 E201 的冷凝液出口阀 Q68
13	内、外操向班长汇报“事故处理完毕”
14	班长向调度汇报“事故处理完毕，请派维修人员进行维修”
15	班长用广播宣布“解除事故应急预案”

活动 5：讨论热水泵 P401 防护罩缺失伤人事故产生的现象并提出处理方案

扫一扫

M3-10 机械伤人事故

以小组为单位，讨论蒸馏工序中，热水泵 P401 防护罩缺失伤人会有哪些危害，并尝试提出机械伤人后的处理方法。

热水泵 P401 防护罩缺失伤人事故现象如表 3-21 所示。

表 3-21 蒸馏工序中热水泵 P401 防护罩缺失伤人事故现象

序号	事故现象	现场状况
1	蒸馏工序中热水泵 P401 防护罩缺失，员工由于疏忽对身体造成伤害	

机械伤人——热水泵 P401 防护罩缺失伤人事故处理方案如表 3-22 所示。

表 3-22 机械伤人——热水泵 P401 防护罩缺失伤人事故处理方案

序号	处置步骤
1	外操携带 F 型扳手
2	关闭热水泵 P401 出口阀门 Q32
3	停止热水泵 P401
4	关闭热水泵 P401 进口阀 Q31
5	关闭蒸馏釜夹套热水出口阀门 VE201A1
6	打开自来水进蒸馏釜 R201 夹套手阀 Q26
7	打开蒸馏釜 R201 夹套排污阀 Q39，给蒸馏釜降温
8	关闭分离罐 V202 罐顶的抽真空阀门 J9
9	关闭真空缓冲罐前端手阀 J12
10	关闭真空泵 P101
11	关闭换热器 E201 的冷凝液出口阀 Q68

续表

序号	处置步骤
12	内、外操向班长汇报“事故处理完毕”
13	班长向调度汇报“事故处理完毕，请派维修人员进行维修”
14	班长用广播宣布“解除事故应急预案”

1. 简述机械伤人的概念和危害。
2. 阐述聚合釜着火的现象及处理方案。

部分参考答案

模块一　PMMA 生产基础

任务一（填空题）

1. 亚克力；热塑性
2. 90%～92%
3. 105℃
4. 建筑；交通；仪表

任务二（填空题）

1. 小分子；高聚物
2. 单体
3. 均聚物；共聚物
4. 热分解性引发剂；氧化-还原引发体系；热分解性引发剂
5. 一
6. 本体；悬浮；溶液
7. 悬浮
8. 链引发；链增长；链终止
9. 偶合、歧化
10. 偶合
11. 歧化
12. 原料碱洗；原料水洗；减压蒸馏；聚合；产品水洗；产品精制
13. 本体
14. 引发剂
15. 阻聚剂
16. 阻聚剂
17. 悬浮剂
18. MMA；软化水；BPO；明胶

任务三

一、填空题

1. 半实物仿真；WinCC 控制
2. 数据后台处理
3. 进行工艺参数控制

二、选择题

1～4：ACBC

模块二　PMMA 生产装置操作

任务一

一、填空题

1. 叶轮；泵壳；轴封装置

2. 灌泵

二、选择题

1～5：CDDAD

任务二（填空题）

1. 水溶性盐

2. 釜体；传动装置；轴封；支座；搅拌设备

3. 缓冲压力；防止倒灌

4. 无色

任务三（略）

任务四（填空题）

1. 直接接触式；蓄热式；间壁式

2. 管程；壳程；管束的壁面

3. 补偿圈

4. 蓄热式换热器

5. 简单；低

任务五（填空题）

1. 釜体；夹套；搅拌器；传动装置

2. 凝液回收或者气相净化

3. MMA；软化水；明胶；BPO

任务六（略）

任务七（略）

任务八（略）

模块三　PMMA 装置异常处理和事故处置（略）

参考文献

[1] 潘祖仁. 高分子化学（增强版）[M]. 北京：化学工业出版社，2018.

[2] 潘才元. 高分子化学 [M]. 合肥：中国科学技术大学出版社，2012.

[3] 江波，等. 高分子化学教程 [M]. 5版. 北京：科学出版社，2019.

[4] 胡国文，周智敏，张凯，等. 高分子化学与物理学教程 [M]. 北京：科学出版社，2018.

[5] 刘向东. 高分子化学 [M]. 北京：化学工业出版社，2021.